高技能人才培养创新示范教材

Gongcheng Jixie Guzhang Zhenduan yu Paichu

工程机械故障诊断与排除

主　编　叶良星　龚明华　严成文
主　审　李庭斌

人民交通出版社股份有限公司
China Communications Press Co.,Ltd.

内 容 提 要

本书是高技能人才培养创新示范教材,主要内容包括工程机械柴油机故障诊断与排除、工程机械液压系统故障诊断与排除和工程机械电气故障诊断与排除。

本书可作为中职院校工程机械类相关专业课程的教材,也可作为工程机械类高技能人才的培养用书,还可供相关技术与管理人员参考使用。

图书在版编目(CIP)数据

工程机械故障诊断与排除/叶良星,龚明华,严成文主编
.—北京:人民交通出版社股份有限公司,2018.6
高技能人才培养创新示范教材
ISBN 978-7-114-14653-4

Ⅰ.①工… Ⅱ.①叶… ②龚… ③严… Ⅲ.①工程机械—故障诊断—教材②工程机械—故障修复—教材 Ⅳ.①TU607

中国版本图书馆 CIP 数据核字(2018)第 078025 号

书　　名:	工程机械故障诊断与排除
著 作 者:	叶良星　龚明华　严成文
责任编辑:	戴慧莉
责任校对:	尹　静
责任印制:	刘高彤
出版发行:	人民交通出版社股份有限公司
地　　址:	(100011)北京市朝阳区安定门外外馆斜街 3 号
网　　址:	http://www.ccpcl.com.cn
销售电话:	(010)59757973
总 经 销:	人民交通出版社股份有限公司发行部
经　　销:	各地新华书店
印　　刷:	北京虎彩文化传播有限公司
开　　本:	787×1092　1/16
印　　张:	10.5
字　　数:	236 千
版　　次:	2018 年 6 月　第 1 版
印　　次:	2024 年 2 月　第 2 次印刷
书　　号:	ISBN 978-7-114-14653-4
定　　价:	26.00 元

(有印刷、装订质量问题的图书,由本公司负责调换)

前言
Preface

为贯彻落实《国家中长期教育改革和发展规划纲要（2010—2020年）》精神，按照《国家高技能人才振兴计划》的要求，深化职业教育教学改革，积极推进课程改革和教材建设，满足职业教育发展的新需求，着重高技能人才的培养，依据公路工程机械运用与维修、工程机械技术服务与营销和工程机械施工与管理三大专业的教学计划和课程标准，我们组织行业专家及各校一线教师编写了这套补充教材。

本套教材适用于公路工程机械类专业高级工和技师层次全日制学生培养及社会在职人员培训，具有以下特点：

(1)本套教材开发基于实际工作岗位，通过提炼典型工作任务，形成专业课程框架、教学计划及课程标准，切合职业教育教学的特点，符合培养技能型人才成长的规律。

(2)本套教材在编写模式上部分实践性较强的课程采用了任务引领型模式进行编写，有利于任务驱动式教学方法的使用，便于培养学生自我学习、收集信息、解决问题等方面的核心能力。

(3)本套教材在内容选取方面多数课程打破了传统教材学科知识体系的结构，但也考虑了知识和技能的连贯性和整体性，同时也保持了知识和技能选取的先进性、科学性和实用性。

《工程机械故障诊断与排除》属于工程机械运用与维修和工程机械施工与管理专业的核心必修课程。该课程实践性较强，教材采用任务引领型模式编写。本教材着重针对工程机械使用过程中遇到的实际故障案例，设置了工程机械柴油机故障诊断与排除、工程机械液压系统故障诊断与排除、工程机械电气故障诊断与排除三个教学项目,共15个学习任务。任务编排按照工程机械结构的分类,由浅入深的方式编排,符合学生的认知规律。本课程采用理实一体化的教学模式,在一体化教室中实施。通过学习和实践,使学生能够独立分析及排除工程机械常见的故障。

本教材由浙江公路技师学院叶良星、龚明华、严成文担任主编,李庭斌担任主审。具体编写分工如下:项目一由叶良星编写,项目二由严成文编写,项目三由龚明华编写。在本书编写过程中得到了杭州小松工程机械有限公司、杭州卡特皮勒工程机械有限公司、戴纳派克杭州代理、维特根杭州代理公司等厂商及一线专家的支持与帮助,在此表示感谢。

由于编写人员的业务水平和教学经验有限,书中难免有不妥之处,恳切希望使用本书的教师和读者批评指正。

编　者

2018 年 3 月

目 录
Contents

项目一　工程机械柴油机故障诊断与排除

学习任务1　柴油机起动困难故障诊断与排除

知识目标

1. 掌握柴油机起动困难的故障现象；
2. 掌握柴油机起动困难故障的诊断思路；
3. 掌握诊断柴油机起动困难的基本方法。

技能目标

1. 能根据柴油机起动困难的故障现象，判断其产生的原因；
2. 能排除常见的柴油机起动困难故障。

建议课时

4课时。

任务描述

　　某工地现场有一台柴油机出现了冷起动困难的故障，公司经理安排你去现场维修，请你按照正常的操作规程完成柴油机的检查与故障排除。

一　理论知识准备

1 柴油机起动困难定义

　　所谓柴油机起动困难，是指新机在环境温度为5℃左右，或在技术条件规定的温度范

围内,连续起动3次均不成功者。

柴油机起动困难分两种情况:一是冷机起动困难,而热机起动不困难;二是冷机起动困难,热机起动同样困难。

2 柴油机顺利起动条件

柴油机顺利起动,关键在于喷入汽缸的柴油能否与被压缩的空气迅速组成可燃混合气和及时点火燃烧。因此使进入汽缸的空气被压缩后具有较高的温度和压力,是保证柴油机顺利起动的主要因素。为满足以上要求,必须具备以下条件:

(1)要有足够的起动转速。转速高,气体渗透漏小,压缩向缸内传热时间短,热量损失少,易造成较高温度和压力。

(2)汽缸密封性要好。可减少气体渗漏,增加压缩终了时的压力和温度。

(3)喷油提前角要符合要求。喷油质量好,否则形不成可燃混合气。

3 柴油机冷机起动困难而热机起动不困难

(1)起动转速正常,排气管无排烟。

这一现象的可能原因:低压油路中有空气,致使无油到喷油泵、喷油器;喷油泵的断油电磁阀未处于供油位置,致使无法向喷油器供油。

(2)起动转速正常,排气管冒白烟。

这一现象的可能原因:柴油质量不良或油箱底部有水;环境温度低造成机体温度低,柴油在汽缸内燃烧不完全或不燃烧即被排除;汽缸垫被冲了水孔位或缸套内进水;低温起动,热机后白烟消失是正常现象。

(3)起动转速正常,排气管冒黑烟并带有半爆炸声。

这一现象的可能原因:喷油器雾化不良,个别或多个喷油器工作不良;喷油泵供油角度大,供油多,造成燃烧不完全;进气量不足。

(4)冷机起动运转升温后热机起动容易。

这一现象的可能原因:活塞环或汽缸的磨损达到临界间隙,升温后机油均匀润滑,弥补此间隙,机油温度升高黏度下降,摩擦阻力减小,使热机容易起动;喷油器油嘴的磨损,同样达到临界间隙,热膨胀后间隙减小,恢复良好的喷油状态致使热机容易起动。

(5)冷机起动曲轴转速低,热机正常。

这一现象的可能原因:蓄电池电量不足,起动后发电机对蓄电池补充充电后容量回升;起动机有"拖底"现象,转矩不够,热机后起动阻力相对减小,易起动。

4 故障诊断思路

诊断思路如图1-1所示。

二 任务实施

1 准备工作

(1)准备一台已设计好故障的柴油机(有故障造成无法起动)。

(2)准备梅花扳手、开口扳手、扭力扳手等工具。

(3)穿戴工作服、工作鞋、工作帽。

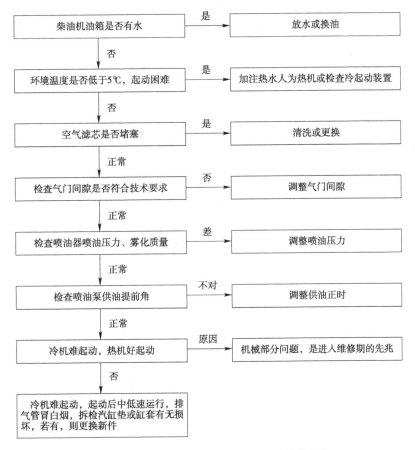

图 1-1　柴油机冷起动困难而热起动不困难诊断思路

❷ 技术要求与注意事项

(1)遵守安全生产规范和操作规程。

(2)正确使用工具和量具。

❸ 操作步骤

(1)检查柴油机油箱是否有油或有水,并做好记录。

(2)检查环境温度是否低于5℃,造成起动困难,并做好记录。

(3)检查空气滤芯是否堵塞,并做好记录。

(4)检查气门间隙是否符合技术要求,并做好记录。

(5)检查喷油器喷油压力、雾化质量是否正常,并做好记录。

(6)检查喷油泵供油提前角(静态供油提前角),并做好记录。

(7)将记录下来的数据填入表1-1。

记　录　数　据　　　　　　　　　　表 1-1

序　号	操　作	记 录 值	备　注
1	柴油机油箱是否有油或有水		
2	环境温度是否低于5℃,造成起动困难		

续上表

序　号	操　　作	记　录　值	备　　注
3	空气滤芯是否堵塞		
4	气门间隙是否符合技术要求		
5	喷油器喷油压力、雾化质量是否正常		
6	喷油泵供油提前角		

（8）根据检查出的记录值进行相应的维修。

三 学习扩展

❶ 柴油机冷机起动困难而热机起动同样困难

除与"柴油机冷机起动困难而热机起动不困难"中所说的第一、二、三种现象之外，热机起动同样困难。呼吸器口有窜气、窜机油或冒较大的烟气现象，且气味刺鼻难闻。

其可能的原因有：

（1）多为机械方面的原因，如活塞、活塞环与汽缸的磨损超过技术要求。

（2）个别汽缸或多个汽缸活塞环出现"对口"现象。

（3）气门间隙过大，造成升程不足；间隙过小，气门关闭不严或烧伤工作面，导致汽缸的压缩压力降低，柴油难以自燃。

（4）喷油器喷油压力不足，或个别甚至多个喷油器工作不良。

（5）喷油器不供油或供油量过小。

（6）调速器调整不当。

（7）低压油路有故障。

❷ 柴油机低温起动措施

（1）做好入冬前的换季维护、全面清洗柴油供应系统，根据不同气温换用适合本地区特点的低温轻柴油；清洗润滑系统，换用低温用的柴油机油，并加注防冻液、防锈液；提高蓄电池电解液密度，注意蓄电池保温。

（2）起动前散热器加注80℃左右的热水（指未加防冻液的车辆）；用热水浇喷油泵及高压油管。

（3）先摇转曲轴数圈，使机油进入配合表面机体各部件得到充分润滑。

（4）冷却系未加防冻液的车辆，尤其在严寒低温下，要边放水，边加热水，直至机体温度合适为止。

（5）每天用车后，必须给发动机、湿储气筒、柴油预滤器放水。

（6）当气温低到0℃以下时，可把预热开关旋到预热挡，预热20～30s后起动。

（7）采用预热装置，对于预热室和涡流室柴油机，常在燃烧室中装置电热塞，利用蓄电池供给电能，使电阻丝加热，引燃柴油喷雾。有些柴油车还装置了缸体加热器和油底壳加热器，在预热进气法中，用装在进气管中的电热装置加热进气是最理想办法，可有效提高冷起动性能。

（8）康明斯（EQB系列）柴油机（如东风EQ1141型柴油汽车），采用电火焰预热器；在环境温度达到−25℃以下时,将吸入汽缸中的空气通过火焰进行预热。该火焰是在起动机驱动发动机时,由于输油泵输送到电火焰预热器中的柴油在发动机进气歧管中燃烧而形成的,接通电火焰预热器15s后,将点火开关转到"START"位置,使起动机接通,电火焰预热器开关应保持在接通位置,起动机持续工作时间不应超过30s,起动后关闭电火焰预热器开关。

四　评价与反馈

1 自我评价

(1)通过本学习任务的学习,你是否已经知道以下问题:

①柴油机排气管不冒烟的原因有哪些? _____。

②柴油机排气管冒白烟的原因有哪些? _____。

③柴油机排气管冒黑烟的原因有哪些? _____。

(2)该故障排除中用到了哪些工量器具?

_____

(3)实训过程完成情况如何?

_____

(4)通过本学习任务的学习,你认为自己的知识和技能还有哪些欠缺?

_____

签名:_____　_____年____月____日

2 小组评价(表1-2)

小　组　评　价　表　　　　　　　　表1-2

序号	评价项目	评价情况
1	着装是否符合要求	
2	是否能合理规范地使用仪器和设备	
3	是否按照安全和规范的流程操作	
4	是否遵守学习、实训场地的规章制度	
5	是否能保持学习、实训场地整洁	
6	团结协作情况	

参与评价的同学签名:_____　_____年____月____日

3 教师评价

_____

_____。

教师签名:_____　_____年____月____日

五　技能考核标准

根据学生完成实训任务的情况对学习效果进行评价。技能考核标准见表1-3。

技能考核标准表 表1-3

序号	操作内容	规定分	评分标准	得分
1	检查各连接线路接头是否松动,油箱有无柴油	15	各接头要求紧固,按要求加满柴油,不能正确完成一项扣5分	
2	起动柴油机三次	10	不能按照要求起动,则不得分	
3	检查高低压管路接头是否松动	15	按要求紧固,否则不得分	
4	检查低压油路是否有空气	15	未排尽空气,则不得分	
5	检查高压油路是否有空气	15	未排尽空气,则不得分	
6	检查柴油机供油是否正时	15	不能正确调整,则不得分	
7	检查柴油机怠速是否过低	15	不能正确调整,则不得分	
	总　分	100		

学习任务2　柴油机功率不足故障诊断与排除

 知识目标

1. 掌握柴油机功率不足的故障现象;
2. 掌握柴油机功率不足故障的诊断思路;
3. 掌握诊断柴油机功率不足的基本方法。

 技能目标

1. 能根据柴油机功率不足的故障现象,判断其产生的原因;
2. 能排除常见的柴油机功率不足故障。

 建议课时

4课时。

 任务描述

某工地现场有一台柴油机出现了功率不足的故障,公司经理安排你去现场维修,请你按照正常的操作规程完成柴油机的检查与故障排除。

一　理论知识准备

1 柴油机功率不足

柴油机功率不足,即柴油机发不出应有的功率,主要表现在满负荷(或较大负荷)时,转速明显下降;工作中不能牵引额定的机组作业,行驶速度降低,加速性能差,排气管冒黑烟,有敲击声,温度过高等。

柴油机能否发出应有的功率,主要决定于汽缸内燃油燃烧的质量。而影响燃烧质量的因素有:

(1)燃油系统工作不良。主要是喷油泵供油量不足,供油时间不正确和柱塞副与止回阀磨损等。

(2)柴油机技术状态下降。柴油机经长期工作后,各运动机件磨损,配合间隙增大,尤其是燃烧室组件密封性变差、泄漏量增大,如活塞、活塞环、缸套磨损,使汽缸内压缩力不足,这不仅影响燃烧质量,而且能量损失大大增加,造成柴油机起动困难和功率下降。

(3)进气管或空气滤清器堵塞,使进气量不足;排气管中积炭过多,使废气排不尽;气门间隙过大或过小,气门弹簧折断或刚度不够等。

2 供油系统引起柴油机功率不足故障

1)现象

(1)柴油机中低速运转均匀,但转速提升不高,排烟过少。

(2)急加速时,转速提升不高,排气管排少量黑烟。

2)原因

(1)气路问题。空气滤清器和进、排气道堵塞或气道过长阻力增大,气流不畅;增压机的连接胶管破裂。

(2)油路问题。

①喷油器喷油量不足,有滴漏。

②输油泵供油不足,低压油路有空气或燃油滤清器堵塞来油不畅。

③喷油泵油量调节齿杆达不到最大供油位置。

④喷油泵柱塞磨损过量,黏滞或弹簧折断。

(3)机械问题。汽缸磨损过量,造成压缩压力过低,燃烧不完全。

(4)柴油问题。柴油质量不符合要求。

3)诊断和排除

应本着先易后难、先气路后油路、先外后内的原则进行诊断与排除。诊断思路如下:

(1)检查空气滤清器是否堵塞。

(2)检查输油泵、燃油滤清器是否堵塞。

(3)检查低压油路是否有空气。

(4)检查喷油泵油量调节齿杆,确认它是否能移动到最大供油位置。方法是将油门加至最大,然后拉动喷油泵油量调节臂,若还能向加油方向移动,说明加速踏板阻碍了最大供油量,应予以调整。

（5）当上述检查不能确定故障时,则应检查喷油泵、调速器等高压油路部分,方法如下：

①拆下喷油泵边盖,查看供油齿杆是否能达到最高速位置。

②查看喷油泵各柱塞或挺杆是否有黏滞。

③检查柱塞、挺杆、滚轮、凸轮是否过量磨损,以致影响柱塞升程不足。

④查看柱塞弹簧是否折断。

⑤检查出油阀是否密封。

⑥检查调速器弹簧弹力是否符合规定。

⑦在喷油器试验台上检查喷油压力、喷油质量、喷油角及有无滴漏,必要时更换喷油嘴,重新调整喷油压力使其符合技术要求。

❸ 机械部分引起柴油机功率不足故障

1）现象

（1）柴油机中低速运转均匀,高速加不起油,声音软绵绵、不干脆。

（2）柴油机振动,运转不平稳。

（3）排气管冒出白烟或滴水,中速、高速也存在此现象。

（4）从呼吸器冒出烟气,排气烟色呈蓝色或黑色。

2）原因

（1）气路问题。空气滤清器安装位置不对,极易堵塞,或进、排气管道气流不畅;增压器出气口之后的连接胶管破裂。

（2）油路问题。由于驾驶室变形,导致加速踏板拉杆移位,影响了最大供油量。

（3）机械（柴油机本身）问题。

①活塞、活塞环与汽缸磨损过量,活塞环折断,密封性能变差,造成汽缸压缩压力变低,影响燃烧压力的升高。

②连杆弯曲变形造成活塞偏缸、拉缸,曲轴轴瓦烧熔,致使柴油机内部摩擦损耗功率大,影响柴油机输出功率。

③润滑系统性能变坏,导致柴油机润滑不良,摩擦副内阻增大。

④冷却系统性能不好,导致柴油机温度过高,出现拉缸,影响柴油机输出功率。

（4）使用问题。使用者对柴油机构造认识不足,运用与维修知识掌握不够,操作技术不熟练。

3）诊断和排除

诊断思路如图2-1所示。

二 任务实施

❶ 准备工作

（1）准备一台已设计好故障的柴油机（柴油机功率不足的原因造成柴油机达不到标定功率）。

（2）准备梅花扳手、开口扳手、扭力扳手等工具。

（3）穿戴工作服、工作鞋、工作帽。

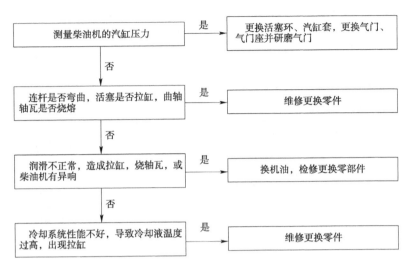

图 2-1 机械部分引起功率不足诊断思路

② 技术要求与注意事项

(1)遵守安全生产规范和操作规程。

(2)正确使用工具和量具。

③ 操作步骤

(1)当供油系统引起柴油机功率不足时,故障诊断可按下述程序进行,见表 2-1。

<table>
<tr><td colspan="5" style="text-align:center">故 障 诊 断 程 序　　　　　　　　　　　　　　　　　表 2-1</td></tr>
<tr><th>步骤</th><th>操 作</th><th>记 录 情 况</th><th>是</th><th>否</th></tr>
<tr><td>1</td><td>空气滤清器是否堵塞</td><td></td><td>至步骤2</td><td>至步骤3</td></tr>
<tr><td>2</td><td>清洗或更换空气滤清器</td><td></td><td>系统正常</td><td></td></tr>
<tr><td>3</td><td>输油泵、柴油滤清器是否堵塞,低压油路是否有空气</td><td></td><td>至步骤4</td><td>至步骤5</td></tr>
<tr><td>4</td><td>清洗输油泵、柴油滤清器或更换部件,排低压油路空气</td><td></td><td>系统正常</td><td></td></tr>
<tr><td>5</td><td>喷油泵供油拉杆是否达到最大供油位置</td><td></td><td>至步骤6</td><td>至步骤7</td></tr>
<tr><td>6</td><td>调整喷油泵供油拉杆是否达到最大供油位置</td><td></td><td>系统正常</td><td></td></tr>
<tr><td>7</td><td>高速限位螺钉和最大供油量螺钉是否可以向增加供油量方向转动</td><td></td><td>至步骤8</td><td>至步骤9</td></tr>
<tr><td>8</td><td>调整螺钉向增加供油量方向转动,直到急加速时,排气管冒出较大黑烟为止</td><td></td><td>系统正常</td><td></td></tr>
<tr><td>9</td><td>当上述检查尚不能确诊时,则应检查喷油泵、调速器等高压油路部分</td><td></td><td>至步骤10</td><td></td></tr>
<tr><td>10</td><td>拆下喷油泵边盖,查看供油齿杆是否能达到最高速位置</td><td></td><td>至步骤12</td><td>至步骤11</td></tr>
</table>

续上表

步骤	操　作	记录情况	是	否
11	调整供油齿杆的位置,否则更换齿杆和齿圈等零件		系统正常	
12	查看喷油泵各柱塞或挺杆有否黏滞		至步骤13	至步骤14
13	更换柱塞偶件和挺杆等零件		系统正常	
14	检查柱塞、挺杆、滚轮、凸轮是否过量磨损,影响柱塞升程不足		至步骤15	至步骤16
15	测量检修后更换相应零部件		系统正常	
16	检查出油阀是否密封		至步骤17	至步骤18
17	不密封要求更换出油阀偶件		系统正常	
18	检查调速器弹簧弹力是否符合规定标准,柱塞弹簧和出油阀弹簧是否折断		至步骤19	至步骤20
19	不符合要求或折断需更换新件		系统正常	
20	检查喷油器喷油压力、喷油质量、有无滴漏现象		至步骤21	
21	调整喷油器喷油压力,必要时更换新件		系统正常	

（2）当机械部分引起柴油机功率不足时,故障诊断可按下述程序进行,见表2-2。

故　障　诊　断　程　序　　　　　　　　表2-2

步骤	操　作	记录情况	是	否
1	测量柴油机的汽缸压力		至步骤2	至步骤3
2	压力低,则需要更换活塞环、汽缸套;或更换气门、气门座并研磨气门		系统正常	
3	检查连杆是否弯曲,活塞是否拉缸以及曲轴轴瓦是否烧瓦等		至步骤4	至步骤5
4	不符合要求则需维修或更换新件		系统正常	
5	润滑不正常,造成拉缸或烧轴瓦,或柴油机有异响等		至步骤6	至步骤7
6	换机油,检修更换零部件		系统正常	
7	冷却系统性能不好,导致冷却液温度过高,出现拉缸		至步骤8	
8	若散热器缺水,就按要求加水;散热器结水垢,清除水垢;如节温器失灵,则更换节温器;水泵皮带松,则按要求紧固等		系统正常	

三　学习扩展

在柴油机机械部分引起功率不足的维修过程中,涉及冷却液温度过高故障的处理,下面简单分析冷却液温度过高这一现象的原因。

柴油机出水温度的高低,一般都是通过冷却液温度表的读数来反映,冷却液温度表读数在98℃以上,或水箱水开锅,即认为柴油机冷却液温度高。

柴油机冷却液温度过高,会给柴油机的使用寿命带来很多不利影响,但冷却液温度过低,消耗热量过大,会使零件配合间隙过大,互相撞击严重;同时会使柴油机机油温度变低,机油黏度增大,缸套很容易造成腐蚀磨损并使摩擦阻力增大,降低功率。柴油机冷起动一次的磨损量几乎等于行车50km的磨损量。冷起动,润滑条件不良,缸套—活塞环摩擦副形成微小磨伤,起动后必须怠速运转几分钟后这些微小磨伤才能被磨平,因此不能一起动就加速运行。柴油机正常工作冷却液温度为85~95℃,从零件磨损最小的角度看,冷却液温度为85℃时为最好,因此,合理控制柴油机冷却液温度是提高柴油机工作效率的有效方法之一,应引起注意。

❶ 柴油机冷却液温度过高的现象

柴油机冷却液温度过高的现象有如下几种:

(1)冷却循环效果不好,造成温度过高。

(2)汽缸燃烧不良,排气管冒黑烟;柴油机有爆震现象;用手摸压气机出水口感到很热。

(3)安装使用不当,造成冷却液温度过高。

❷ 柴油机冷却液温度过高的原因

(1)造成第一种现象的原因。

①水箱缺水、水箱散热管变形堵塞,机油散热器水道不通畅,水箱结水垢造成严重散热不良(用手摸水箱上、下方冷却液温度温差很大)。

②节温器失灵,开度不足,水泵小循环管回水过大(用手指压小回水循环管感到水压较大)。

③水泵皮带过松或损坏,致使水泵转速不正常。

(2)造成第二种现象的原因。

①喷油泵供油量过大,燃烧时间过长,造成排气管冒黑烟。

②供油提前角过小,喷油嘴雾化不良及喷油开启压力过大,致使汽缸燃烧条件恶劣,机油温度增高。

③排气门间隙过小,排气道不通畅。

④增压器旁通阀高速压力偏高致使进气压力过高,柴油机转速增加。

⑤冲缸床或缸套有裂纹,导致热废气进入水道,冷却液温度增高,但实际机油温度不一定高。

⑥压气机拉缸,使压气机温度过高,造成冷却液温度偏高,但机油温度不高。

(3)造成第三种现象的原因。

①水箱、导风罩与风扇匹配不合理。

②对增压机中冷器的安装位置检查是否影响水箱散热。

③排气制动阀开启不合理(多在低速段),影响废气降温。

④柴油机长时间超负荷工作。

四 评价与反馈

❶ 自我评价

（1）通过本学习任务的学习你是否已经知道以下问题：

①影响柴油机功率不足的外围因素有哪些？ _____。

②由供油系统造成柴油机功率不足的原因有哪些？ _____。

③由机械部分引起柴油机功率不足的原因有哪些？ _____。

（2）该故障中用到了哪些工量器具？

_____。

（3）实训过程完成情况如何？

_____。

（4）通过本学习任务的学习，你认为自己的知识和技能还有哪些欠缺？

_____。

签名：_____ _____年____月____日

❷ 小组评价（表2-3）

小 组 评 价 表   表2-3

序号	评价项目	评价情况
1	着装是否符合要求	
2	是否能合理规范地使用仪器和设备	
3	是否按照安全和规范的流程操作	
4	是否遵守学习、实训场地的规章制度	
5	是否能保持学习、实训场地整洁	
6	团结协作情况	

参与评价的同学签名：_____ _____年____月____日

❸ 教师评价

_____

_____。

教师签名：_____ _____年____月____日

五 技能考核标准

根据学生完成实训任务的情况对学习效果进行评价。技能考核标准见表2-4。

技能考核标准表　　　　　　　　　　表 2-4

序号	操作内容	规定分	评分标准	得分
1	检查空气滤清器是否堵塞	5	不能正确完成扣 5 分	
2	清洗或更换空气滤清器	5	不能正确完成扣 5 分	
3	检查输油泵是否堵塞	5	不能正确完成扣 5 分	
4	检查柴油滤清器是否堵塞	5	不能正确完成扣 5 分	
5	检查低压油路是否有空气	5	未排尽空气,则不得分	
6	检查并调整喷油泵供油拉杆至最大供油位置	5	未能正确调整扣 5 分	
7	检查高速限位螺钉和最大供油量螺钉是否可以向增加供油量方向转动	10	不能正确调整一项则扣 5 分	
8	检查供油齿杆是否能达到最高速位置	5	不能正确完成扣 5 分	
9	检查喷油泵各柱塞或挺杆有否黏滞	5	不能正确完成扣 5 分	
10	检查柱塞、挺杆、滚轮、凸轮是否过量磨损	5	不能正确完成扣 5 分	
11	检查出油阀是否密封	5	不能正确完成扣 5 分	
12	检查调速器弹簧弹力是否符合规定标准,柱塞弹簧和出油阀弹簧是否折断	5	不能正确完成扣 5 分	
13	检查喷油器喷油压力、喷油质量、有无滴漏现象	5	不能正确完成扣 5 分	
14	测量柴油机的汽缸压力	5	不能正确完成扣 5 分	
15	检查连杆是否弯曲,活塞是否拉缸以及曲轴轴瓦是否烧瓦等	5	不能正确完成扣 5 分	
16	检查散热器缺水或水垢情况	5	不能正确完成扣 5 分	
17	检查润滑情况	5	不能正确完成扣 5 分	
18	检查节温器工作情况	5	不能正确完成扣 5 分	
19	检查风扇皮带张紧度	5	不能正确完成扣 5 分	
	总　　分	100		

学习任务3 柴油机排气烟色不正常故障诊断与排除

 知识目标

1. 掌握柴油机排气烟色不正常的故障现象;
2. 掌握柴油机排气烟色不正常故障的诊断思路;
3. 掌握诊断柴油机排气烟色不正常的基本方法。

 技能目标

1. 能根据柴油机排气烟色不正常的故障现象,判断其产生的原因;
2. 能排除常见的柴油机排气烟色不正常故障。

建议课时

6课时。

 任务描述

某工地现场有一台柴油机出现了排气烟色不正常的故障,公司经理安排你去现场维修,请你按照正常的操作规程完成柴油机的检查与故障排除。

一 理论知识准备

❶ 柴油机排气烟色的种类

柴油机排气烟色一般有三种,即黑烟、白烟(灰白烟)、蓝烟(暗蓝色)。由于柴油机各缸工作条件不完全相同,各缸内混合气的含量也不同,燃烧时所产生的烟色也就很难确定。在某种影响燃烧的因素占主要地位时,比如有个别汽缸的喷油器工作不良,在各种工况下都会产生黑烟,而当空气滤清器堵塞时也会产生黑烟,此时的黑烟,是整台柴油机排放出的黑烟,浓度就大不一样了。因此,在处理排气烟色不正常故障时,也要用透过现象看本质的思维方式,仔细分析,对症排除。

❷ 柴油机冒黑烟

1)现象

(1)柴油机难起动,且排气管大量冒黑烟。

(2)柴油机勉强起动后在各种工况下运行,排气管都在大量冒黑烟。

2）原因

柴油机排气冒黑烟，是因油、气比例失调，油多气少燃烧不完全所致。造成此故障的因素有多种，应从气路、油路、机械乃至油品诸多影响因素中逐个分析，对症排除。

（1）气路。空气滤清器堵塞或进气渠道不通畅；增压器出气口后管路破裂漏气，中冷器堵塞。

（2）油路。

①喷油器喷油压力过低，雾化不良。

②喷油器喷油压力过高，喷油量过大。

③喷油器针阀关闭不严，针阀与阀座间有间隙。

④喷油泵烟度控制器初始油量控制螺钉处于最大供油位置。

⑤喷油泵供油正时过早。

⑥喷油泵调速器调整不当。

（3）机械。汽缸压力过低，导致柴油雾化不良或个别汽缸不工作。

3）诊断与排除

应本着由简到繁、先易后难、先外后内的原则进行诊断与排除。诊断思路如图 3-1 所示。

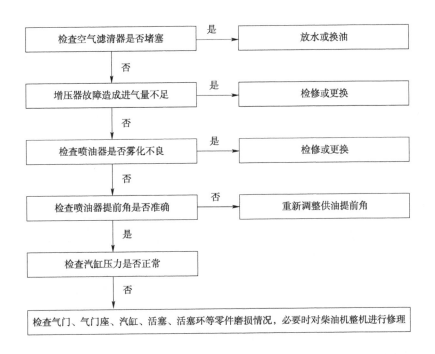

图 3-1 柴油机冒黑烟诊断思路

提示：判断喷油器的工作状况，在柴油机怠速和中、低速运转工况下，用三个指头分别触摸对比各缸高压油管，正常工作情况下，手指可以感觉到有规律的脉冲，此经验法可初步诊断出各缸喷油压力的均匀情况，然后拆下压力较低的喷油器检测调整。

❸ 柴油机冒白烟

1)现象

(1)柴油机起动时或在中速以下运转时,排气管冒的是白烟或灰白烟。

(2)柴油机热机后仍然冒白烟,车辆无力,冷却水箱冒气泡或有油渍。

2)原因

柴油机排气冒白烟多是汽缸内有水所致,水在高温下形成水蒸气排出,可从环境、机械与油品三方面逐项分析排除。

(1)环境。

①周边环境温度低。

②柴油机机体温度低造成柴油雾化不良燃烧不完全。

(2)机械。

①汽缸垫的水套孔被高压燃气冲坏。冷却液窜入汽缸。

②个别缸套有隐蔽砂眼裂纹或穴蚀现象,冷却液浸入汽缸。

③汽缸套有裂纹或喷油器铜套损坏,冷却液被吸入汽缸。

(3)油品。油箱底层有水。

3)诊断与排除

诊断思路如图3-2所示。

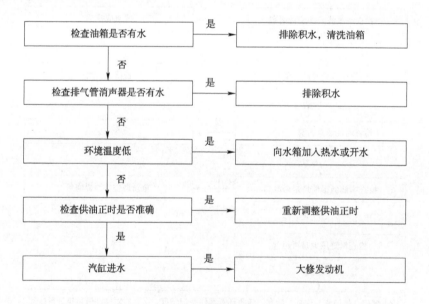

图3-2　柴油机冒白烟诊断思路

❹ 柴油机冒蓝烟

1)现象

(1)怠速或中、低速时,排气呈暗蓝色;中速以上不明显,但气味难闻刺眼刺鼻。

(2)中速以上冒蓝烟,全速时更加明显。

(3)机油减少量超出正常补给量。

2）原因

（1）主要是机械故障。

①气门导管磨损严重，气门油封损坏，机油从气门导管吸入汽缸燃烧，但量少蓝烟不很严重。

②活塞环与环槽配合间隙不符合要求，使其卡死，导致机油容易往汽缸里窜。

③活塞和活塞环严重磨损，某缸或多缸活塞环断裂密封不严，使机油窜入汽缸。

增压柴油机的增压器进气端密封损坏，使增压器机油泄漏进入进气管。当空气滤清器维护不当时，进气阻力增大，冒蓝烟的现象更为严重。

（2）机油品质和牌号选择不当，也会出现此故障。

3）诊断与排除

诊断思路如图3-3所示。

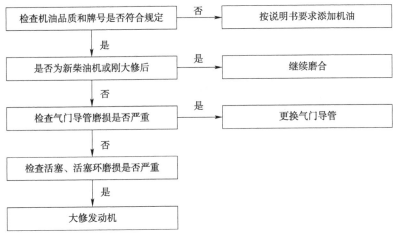

图3-3　柴油机冒蓝烟诊断思路

提示：对于进气管上装有柴油预热装置的柴油机，当预热装置（包括继电器）失灵时，预热装置的油会自动进入柴油机进气管，怠速时排蓝白烟，中速以上时排蓝黑烟，随着转速升高烟度变小。判断时只需要把预热装置上的来油管及电源线断掉，此时烟度变小即可证明预热装置有故障。

二　任务实施

❶ 准备工作

（1）准备一台已设计好故障的柴油机（有柴油机的排气烟色不正常故障）。

（2）准备梅花扳手、开口扳手、扭力扳手等工具。

（3）穿戴工作服、工作鞋、工作帽。

❷ 技术要求与注意事项

（1）遵守安全生产规范和操作规程。

（2）正确使用工具和量具。

❸ 操作步骤

（1）柴油机排黑烟的诊断步骤见表3-1。

柴油机排黑烟诊断步骤 表 3-1

步骤	操作	记录情况	是	否
1	检查空气滤清器是否堵塞		至步骤 2	至步骤 3
2	清洗或更换空气滤清器		系统正常	
3	排气制动阀是否开闭自如或增压器故障造成进气量不足		至步骤 4	至步骤 5
4	开启排气制动阀或检修增压器进气管路		系统正常	
5	喷油器喷油压力低且雾化不良		至步骤 6	至步骤 7
6	按要求调整喷油器喷油压力		系统正常	
7	喷油压力是否普遍过低		至步骤 8	至步骤 9
8	检修或更换喷油泵		系统正常	
9	检查柴油机供油正时是否正确		至步骤 11	至步骤 10
10	调整柴油机供油正时		系统正常	
11	检查柴油机的汽缸压力是否正常		系统正常	至步骤 12
12	拆下缸盖检查包括气门、气门座、活塞、活塞环等零件的磨损情况,必要时对柴油机整机进行检修		系统正常	

（2）柴油机排白烟的诊断步骤见表 3-2。

柴油机排白烟诊断步骤 表 3-2

步骤	操作	记录情况	是	否
1	检查油箱是否有水		至步骤 2	至步骤 3
2	排除积水,清理和检修油箱		系统正常	
3	检查排气管消声器是否有水		至步骤 4	至步骤 5
4	清理积水		系统正常	
5	环境温度过低或机器露天存放		至步骤 6	至步骤 7
6	人为热机,向散热器加入热水或开水		系统正常	
7	检查柴油机供油正时是否正确		至步骤 9	至步骤 8
8	调整柴油机供油正时		系统正常	
9	汽缸有水		至步骤 10	至步骤 11
10	检修汽缸水套、汽缸垫等,损坏则更换新件,直至大修柴油机		系统正常	

（3）柴油机排蓝烟的诊断步骤见表3-3。

柴油机排蓝烟诊断步骤　　　　　　　　　　　　　　表3-3

步骤	操作	记录情况	是	否
1	确定柴油机所加机油的品质和牌号是否符合规定		至步骤3	至步骤2
2	按产品说明书要求添加机油		系统正常	
3	是否为新柴油机或大修后柴油机		至步骤4	至步骤5
4	继续磨合,磨合期过后,故障会消失		系统正常	
5	检查气门导管磨损是否严重		至步骤6	至步骤7
6	更换气门导管		系统正常	
7	增压器进气端密封环是否损坏		至步骤8	至步骤9
8	整体更换转子总成部件		系统正常	
9	检查活塞、活塞环磨损是否严重		至步骤10	
10	大修柴油机		系统正常	

三　学习扩展

柴油机喷油泵供油正时的检查与调整

为了检查调整供油提前角,厂家在制造柴油机时,一般将正时标记做在柴油机和喷油泵的相应位置上。喷油泵第一分泵开始供油正时的标记,多指喷油泵联轴器(或自动提前器)上和喷油泵轴承盖上的定时刻线,只要两刻线对准,便可肯定是喷油泵向第Ⅰ缸开始供油的时刻;柴油机供油提前角的标记,多指飞轮壳(或其上的检视孔)上的指针和飞轮上该机型要求的供油提前角的角度,个别的是指曲轴前端胶带轮上的刻线和机体前盖上的指针;对于多缸柴油机,当指针对上相应角度或刻线,并保证Ⅰ缸进、排气门都有间隙时,才可肯定该缸在供油提前角位置。喷油泵与相应传动齿轮的啮合记号在柴油机大修后将啮合齿轮上相应的正时标记对上即可。个别的机型在安装喷油泵时还注意连接标记。

1)就机检查供油正时

喷油泵固定在柴油机上,可能因为各种情况造成供油正时不准,这时就需要检查供油正时。

（1）一人摇转曲轴使Ⅰ缸活塞处于压缩行程(即Ⅰ缸进、排气门都出现间隙)时,当固定标记正好对准飞轮或曲轴胶带轮上的供油提前角记号时,停止摇转曲轴。

（2）对于有喷油泵第一分泵开始供油正时标记的,检查联轴器(或自动提前器)上的定时刻线标记是否与泵壳前端上的刻线记号对上。若两记号正好对上,则说明供油正时正确;若联轴器上的标记还未到泵壳刻线记号,则说明供油时间过晚;反之若联轴器上的标记已超过泵壳刻线记号,则说明供油时间过早。

而对于联轴器和泵壳前端无刻线记号的,此时就应该拆下喷油泵Ⅰ缸高压油管,一人摇转曲轴,当快要到达Ⅰ缸供油提前角位置时,要缓慢摇转曲轴,一人注视Ⅰ缸出油阀的出油口油面,当油面刚刚向上一动时,停止摇转曲轴,检查飞轮或曲轴胶带轮上的供油提前角刻线是否与其对应的指针对上(为以后检查方便,这时可在联轴器和泵壳上补做一对正时记号)。

2)装机校准供油正时

柴油机大修和喷油泵检修后重新安装时,必须检查供油正时。

(1)顺时针摇转曲轴,使第 I 缸活塞处于压缩行程上止点前规定的供油开始位置,即固定标记对准飞轮或曲轴胶带轮上的供油提前角记号。

(2)转动喷油泵凸轮轴,使喷油泵联轴器(或自动提前器)上的定时刻线标记与泵壳前端上的刻线记号对准。

(3)向前推入喷油泵,使从动凸缘盘的凸块插入联轴器并与之接合,在拧紧主动凸缘盘和中间凸缘盘的两个螺钉时,应使两凸缘盘上的"0"标记对准,这样,即可保证柴油机的供油提前角符合要求。

3)调整供油正时的方法

在检查供油正时时,如果发现供油提前角过小或过大,就要进行调整,常用的调整方法有:

(1)转动泵体调整。用正时齿轮和花键轴头直接插入驱动喷油泵,大多用三角固定板或法兰盘与机体相连。三角固定板和法兰盘上分别有 3 个或 4 个弧形长孔。采用上述方法固定喷油泵,如果检查的供油正时不准,只需松开相应的 3 个或 4 个固定螺栓,通过弧形长孔,适当转动泵体来调整供油提前角即可。

调整时,将泵体逆着驱动轮的旋向转动一个角度,就可使供油提前角增大;如将泵体顺着驱动轮旋向转动则可使供油提前角减小。

(2)转动泵轴调整。用联轴器驱动的喷油泵,在连接盘上的有 2 个弧形长孔。调整供油提前角时,可松开连接盘上的 2 个固定螺栓,将喷油泵凸轮轴顺旋向转动一个角度,便可增大供油提前角;逆旋向转动一个角度,则可减小供油提前角。调整完后,拧紧连接盘上的两个固定螺栓即可。

四 评价与反馈

1 自我评价

(1)通过本学习任务的学习你是否已经知道以下问题:

①产生柴油机排黑烟故障的原因是什么? _____。

②产生柴油机排白烟故障的原因是什么? _____。

③产生柴油机排蓝烟故障的原因是什么? _____。

(2)该故障中用到了哪些工量器具?

_____

(3)实训过程完成情况如何?

_____

(4)通过本学习任务的学习,你认为自己的知识和技能还有哪些欠缺?

_____。

签名:_____　　_____年____月____日

❷ 小组评价（表3-4）

小 组 评 价 表 表 3-4

序号	评 价 项 目	评 价 情 况
1	着装是否符合要求	
2	是否能合理规范地使用仪器和设备	
3	是否按照安全和规范的流程操作	
4	是否遵守学习、实训场地的规章制度	
5	是否能保持学习、实训场地整洁	
6	团结协作情况	

参与评价的同学签名：_____　　_____年____月____日

❸ 教师评价

_____

_____。

教师签名：_____　　_____年____月____日

五　技能考核标准

根据学生完成实训任务的情况对学习效果进行评价。技能考核标准见表3-5。

技能考核标准表 表 3-5

序号	操 作 内 容	规定分	评 分 标 准	得分
1	检查空气滤清器是否堵塞	5	不能正确完成扣5分	
2	清洗或更换空气滤清器	5	不能正确完成扣5分	
3	检查排气制动阀或增压器进气管路	5	不能正确完成扣5分	
4	检查喷油器喷油压力	5	不能正确完成扣5分	
5	检查柴油机供油正时	5	不能正确完成扣5分	
6	检查柴油机的汽缸压力	5	不能正确完成扣5分	
7	检查包括气门、气门座、活塞、活塞环等零件的磨损情况	20	不能正确完成一项扣5分	
8	检查油箱是否有水	5	不能正确完成扣5分	
9	检查排气管消声器是否有水	5	不能正确完成扣5分	
10	检查环境温度是否过低或机器是否露天存放	5	不能正确完成扣5分	
11	检查汽缸是否有水	5	不能正确完成扣5分	
12	检查柴油机所加机油的品质和牌号是否符合规定	5	不能正确完成扣5分	

续上表

序号	操作内容	规定分	评分标准	得分
13	检查是否为新柴油机或大修后柴油机	5	不能正确完成扣5分	
14	检查气门导管磨损是否严重	5	不能正确完成扣5分	
15	检查增压器进气端密封环是否损坏	5	不能正确完成扣5分	
16	检查活塞、活塞环磨损是否严重	10	不能正确完成一项扣5分	
	总　分	100		

学习任务4　柴油机转速不稳故障诊断与排除

知识目标

1. 掌握柴油机转速不稳的故障现象;
2. 掌握柴油机转速不稳故障的诊断思路;
3. 掌握诊断柴油机转速不稳的基本方法。

技能目标

1. 能根据柴油机转速不稳的故障现象,判断其产生的原因;
2. 能排除常见的柴油机转速不稳故障。

建议课时

6课时。

任务描述

　　某工地现场有一台柴油机出现了转速不稳的故障,公司经理安排你去现场进行维修,请你按照正常的操作规程完成柴油机的检查与故障排除。

一　理论知识准备

❶ 柴油机转速不稳的形式

　　柴油机转速不稳,有三种表现形式:一是振抖;二是游车;三是飞车。振抖有先天性和后天性之分,游车故障不排除,会给飞车带来隐患,飞车是一种非常危险的故障。

❷ 柴油机先天性振抖

1）现象

新柴油机起动后即有振抖现象发生,转速越高,振抖越激烈,怎样努力都无法排除。

2）原因

柴油机旋转组件,如曲轴飞轮组、离合器总成动不平衡;往复运动组件,如活塞连杆组之间质量超差过大;怠速转速调整到低于额定转速,也会造成振抖。

一般来说,这种故障不应该发生在新出厂的柴油机上。按规定,装新柴油机时,要对各组件做严格的测试,如 YC6105、YC6108、YC6L 机型曲轴动不平衡量应小于或等于 50g·cm,而 YC6M 机型要求更加严格,要求小于 40g·cm,活塞连杆组的质量差也有严格的规定,并且是分组安装以保证整机往复惯性力和离心力的平衡。

一些修理厂在大修柴油机时,未按规定对新换的运动组件检验和修理,也有可能造成大修后的柴油机发生振抖故障。

另外,柴油机怠速调整过低,支承软垫太硬,与底盘发生共振,也会引起抖动,但调高怠速会消除。

3）诊断与排除

新柴油机出现这种故障,若是因为怠速调得过低,可以调高怠速排除,或者选用硬度小的软垫。排除不了应当找供货商或生产厂家处理。

大修更换运动件后出现无法消除的振抖故障,应解体重点检测运动件的动不平衡量或质量差,同时检验喷油器和喷油泵。必要时,检查活塞、活塞环与汽缸的间隙,以确保柴油机压缩压力正常。

有些柴油机安装到底盘上倾角不合格,对中差,也会引起柴油机及整车振动。

❸ 柴油机后天性振抖

1）现象

（1）汽车上的柴油机,起动后振抖,加速时振抖更厉害,行驶时,好像要散架一样。

（2）柴油机发出清脆而又有节奏的金属敲击声,急加速时响声更大,排气管冒黑烟。

（3）汽缸内发出没有节奏、低沉、不清晰的敲击声。

2）原因

（1）柴油机支架螺栓松动或支架断裂;胶垫老化破损剥落。

（2）供油时间过早或过迟;喷油雾化不良或喷油器滴油。

（3）各缸供油不一致。

（4）柴油机机体温度太低。燃烧不充分,工作不均匀。

3）诊断与排除

诊断思路如图 4-1 所示。

❹ 柴油机游车

1）现象

（1）柴油机在怠速或中、低速工况下,有规律地忽快忽慢运转。

（2）柴油机的转速提升不高,功率不足。

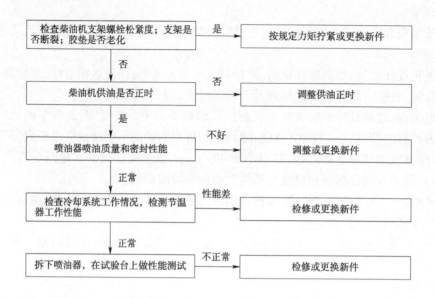

图 4-1　柴油机后天性振抖的故障诊断思路

2）原因

（1）喷油泵调速器的故障。

①调速器外壳的孔及喷油泵盖板孔松动。

②调速器内润滑油量少或胶结、润滑不良。

③飞块销孔、座架磨损松动，灵敏度不一致或收张距离不一致。

④调速器弹簧折断或变形，弹簧刚度小或预紧力小。

（2）喷油泵本体的故障。

①供油量调节齿杆与调速器拉杆销子松动。

②供油量调节齿杆或拨叉卡滞，不能运动自如。

③供油量调节齿杆与扇形齿轮齿隙过大或变形、松动。

④凸轮轴轴向间隙过大，造成来回窜动。

（3）柴油机怠速调整过低，低于原机标准，也容易造成游车和振抖故障同时出现。

3）诊断与排除

诊断思路如图 4-2 所示。

（1）若移动时发现卡滞或仅能在小范围内移动，应找出卡滞点。判断方法是将供油齿杆与调速器拉杆拆离，若齿杆运动自如，卡滞点在调速器，若齿杆仍有卡滞，说明卡滞点在喷油泵。

（2）若卡滞点在调速器，应拆下解体检查润滑情况，检查拉杆、调速弹簧、飞块收张程度和距离等工作状态，并对症排除。

（3）若是怠速调整过低引起游车振抖，应将怠速调到原机规定值。YC6105、YC6108 机型稳定怠速不低于 700r/min。

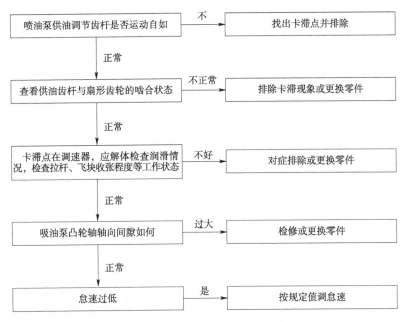

图 4-2　柴油机游车故障的诊断思路

5 柴油机飞车

1）现象

柴油机转速突然增大，越转越快，失去控制，并伴有可怕的异响。

2）原因

（1）喷油泵故障。

①喷油泵油量调节齿杆和调节器拉杆脱开，调节失控，无法向低速方向运动。

②喷油泵柱塞卡在高速供油位置，使齿杆无法向低速方向运动。

③喷油泵柱塞的油量调整齿圈固定螺钉松动，使柱塞失控。

（2）调速器故障。

①调速器润滑性能不好，润滑油太脏，冬季润滑油黏结，调速飞块难以甩开。

②调速器高速调整螺钉或最大供油量调整螺钉调整不当。

③调速器拉杆、销子脱落或飞块销轴断裂，飞块甩脱。

④调速器弹簧折断或弹力下降。

⑤飞块压力轴承损坏，失去调速功能。

⑥全速调速器由于飞块座歪斜或推力盘斜面滑槽磨损，飞块无法甩开。

⑦推力盘与传动轴套配合表面粗糙，不能在轴上灵活旋转和移动。

（3）燃烧室进入额外燃料，无法熄火停车。

①汽缸窜入机油。

②低温起动装置的电磁阀漏油，使多余的柴油进入燃烧室燃烧。

③多次起动不着火，汽缸内积聚过多的柴油，一旦着火，便燃烧不止，转速猛增。

④增压柴油机增压器油封损坏，机油被吸入燃烧室燃烧。

（4）柴油车加速踏板踩下去被卡死在最大供油位置。

3）诊断与排除

（1）紧急措施。

①立即将加速踏板拉回低速位置，并检查卡死踏板的地方，将对应故障消除。

②将供油齿杆或调速拉杆迅速拉回低速位置。

③用衣物堵塞空气滤清器或进气道，阻止空气进入汽缸。

④迅速松开各缸高压油管接头，停止供油。

（2）柴油机熄火后确定飞车原因。

①若柴油机出现高速运转，迅速抬起加速踏板不回位，转速也不再升高，则是加速踏板拉杆或拉臂杠杆等处卡住所致，可对症排除。

②若迅速抬起加速踏板，转速仍然继续升高，则可能是喷油泵柱塞或泵杆被卡住。可拆下喷油器检查。

③若反复迅速抬起加速踏板，转速有所降低或熄火，则是调节器故障，应解体检查。

④若上述检查证实供油系统均正常，应当考虑检查有无额外的柴油或润滑油进入汽缸内燃烧。

注意：当飞车原因未找到并没有排除完，绝对禁止再次起动柴油机。

二 任务实施

❶ 准备工作

（1）准备一台已设计好故障的柴油机（有柴油机的转速不稳故障）。

（2）准备梅花扳手、开口扳手、扭力扳手等常用工具。

（3）穿戴工作服、工作鞋、工作帽。

❷ 技术要求与注意事项

（1）遵守安全生产规范和操作规程。

（2）正确使用工具和量具。

❸ 操作步骤

（1）柴油机振抖故障的诊断步骤见表4-1。

柴油机振抖故障诊断步骤   表4-1

步骤	操　　　作	记录情况	是	否
1	检查柴油机支架螺栓松紧度；支架是否断裂；胶垫是否老化		至步骤2	至步骤3
2	按规定力矩拧紧或更换新件		系统正常	
3	柴油机供油是否正时		至步骤4	至步骤5
4	按要求调整柴油机供油正时		系统正常	
5	检查喷油器喷油质量和密封性能是否正常		至步骤7	至步骤6
6	调整喷油器压力或更换新件		系统正常	

续上表

步骤	操 作	记 录 情 况	是	否
7	检查冷却系统工作情况,检测节温器工作是否正常		至步骤8	至步骤9
8	损坏或失效则更换新件		系统正常	
9	拆下喷油器,在试验台上做性能测试,看它工作是否正常		系统正常	至步骤10
10	检修喷油器或更换新件		系统正常	

（2）柴油机游车故障的诊断步骤见表4-2。

柴油机游车故障诊断步骤 表4-2

步骤	操 作	记 录 情 况	是	否
1	喷油泵供油调节齿杆是否运动自如		至步骤3	至步骤2
2	找出卡滞点并排除		系统正常	
3	查看供油齿杆与扇形齿轮的啮合状态是否正常		至步骤5	至步骤4
4	排除卡滞现象或成对更换齿杆和齿圈		系统正常	
5	卡滞点在调速器,应解体检查润滑情况,检查拉杆、飞块收张程度等工作状态是否正常		至步骤7	至步骤6
6	对症排除故障,如润滑不好,则更换润滑油;零件损坏则更换零件		系统正常	
7	吸油泵凸轮轴轴向间隙是否符合要求		至步骤9	至步骤8
8	更换凸轮轴		系统正常	
9	怠速过低		至步骤10	
10	按产品说明书要求调怠速值		系统正常	

三 学习扩展

❶ 柴油机喷油泵偶件磨损的维修

柴油机喷油泵偶件磨损主要集中在喷油泵凸轮、挺柱总成、喷油泵柱塞、凸轮轴轴承等关键部位,这些偶件出现磨损将会影响到柴油机喷油泵的性能,如果不能进行及时处理,那么很容易导致磨损加剧,进而出现偶件失灵,影响柴油机喷油泵的正常工作,最终导致柴油机停车。应该针对不同的偶件和不同的位置采取有针对性的技术措施,这样才能够有效控制磨损的发生和恶化。

1）喷油泵凸轮磨损的维修

凸轮磨损超过0.2mm时,就会使供油提前角滞后,并使供油量减少;在这种情况下,可调整供油时间恢复;当喷油泵凸轮磨损量超过0.6mm时,则必须更换。

2）挺柱总成磨损的维修

一是对调整垫片磨损的维修,当调整垫片磨损量超过0.2mm时,应进行翻面或更换;二是对滚轮、滚轮套和销轴间磨损的维修,当滚轮、滚轮套和销轴磨损累积量超过0.4mm

时,应更换;三是对凸轮轴和挺柱总成磨损的维修,累积磨损量超过0.8mm时,必须仔细检查各部件的磨损情况,根据技术参数修复或更换磨损严重的零部件。

3)喷油泵柱塞磨损的维修

当拨叉与调节臂配合间隙超过0.5mm时,发动机工作时喷油泵柱塞拨叉与柱塞调节臂就会出现自由摆动现象,引起发动机供油量忽大忽小,使发动机工作不稳定,停机后起动困难。产生这种情况,应立即检修或更换。

4)凸轮轴轴承磨损的维修

凸轮轴轴向间隙应在0.05~0.1mm,如果轴向间隙磨损量超过0.1mm时,应调整凸轮轴轴承轴向间隙,如调整不能恢复,应进行更换。

❷ 柴油机喷油泵调速器构件磨损的维护

1)柴油机喷油泵调速器构件磨损的原因

柴油机喷油泵调速器构件磨损的原因非常复杂,最为主要的影响因素有:柴油机喷油泵调速器受到污物的污染,导致调速器的工作摩擦增大,影响柴油机喷油泵调速器的正常功能,还会产生柴油机喷油泵调速器构件的过度磨损。此外柴油机喷油泵调速器构件之间出现间隙过大,没有对柴油机喷油泵调速器构件螺栓和螺母进行紧固,导致柴油机喷油泵调速器构件出现振动和摇晃,这会出现柴油机喷油泵调速器构件功能的下降,并且会出现柴油机的振动,进而导致整个柴油机零部件的松动和损坏。

2)柴油机喷油泵调速器构件磨损的处理

由于柴油机喷油泵调速器构件磨损会加速整个喷油泵调速器和柴油机的损坏,因此,必须对柴油机喷油泵调速器构件磨损问题加以重视,首先要对柴油机喷油泵调速器构件的外观进行检验,查看是否出现柴油机喷油泵调速器构件的松动、机械损伤;再对出现问题的柴油机喷油泵调速器磨损的构件进行修复和调整,恢复柴油机喷油泵调速器构件的功能;最后,对于不能修复的柴油机喷油泵调速器构件,则应该更换相应的喷油泵调速器构件,以便迅速恢复柴油机喷油泵调速器的功能。

❸ 柴油机喷油泵调速器失灵的维护

1)柴油机喷油泵调速器失灵的原因

造成柴油机喷油泵调速器失灵的主要原因有:钢球出现失灵,或者是调速杆发生与柱塞的调节头部位的不正确连接,两种现象会造成操作调速器的失控,容易发生柴油机喷油泵脱落和柴油机飞车等问题。

2)柴油机喷油泵调速器失灵的处理

出现柴油机喷油泵调速器失灵时,操作人员切忌紧张,要利用发动机自身的性能,在关闭油路和通气道的基础上,做到对柴油机的控制,使柴油机熄火。柴油机维修人员应该首先确定柴油机喷油泵调速器失灵的类型,确定失灵的部位,可以通过钢球的定位来检验调速器的运行状况,同时要检查调速杆的位置与方向,避免出现反向或不正确的连接。要对柴油机喷油泵调速器柱塞进行检验,调整调节头的位置,使其能够实现自身的功能,这样就能够控制柴油机喷油泵失灵的问题,并且能够做到对脱落与飞车问题的防治。

四 评价与反馈

❶ 自我评价

(1)通过本学习任务的学习你是否已经知道以下问题：

①柴油机振抖故障的原因有哪些？ _____。

②柴油机游车故障的原因有哪些？ _____。

③产生柴油机飞车的原因有哪些？ _____。

(2)该故障中用到了哪些工量器具？

_____。

(3)实训过程完成情况如何？

_____。

(4)通过本学习任务的学习,你认为自己的知识和技能还有哪些欠缺？

_____。

签名：_____ _____年____月____日

❷ 小组评价（表4-3）

小 组 评 价 表   表4-3

序号	评 价 项 目	评 价 情 况
1	着装是否符合要求	
2	是否能合理规范地使用仪器和设备	
3	是否按照安全和规范的流程操作	
4	是否遵守学习、实训场地的规章制度	
5	是否能保持学习、实训场地整洁	
6	团结协作情况	

参与评价的同学签名：_____ _____年____月____日

❸ 教师评价

_____

_____。

教师签名：_____ _____年____月____日

五 技能考核标准

根据学生完成实训任务的情况对学习效果进行评价。技能考核标准见表4-4。

技能考核标准表 表4-4

序号	操作内容	规定分	评分标准	得分
1	检查柴油机支架螺栓松紧度;支架是否断裂,胶垫是否老化	15	不能正确完成一项扣5分	
2	检查柴油机供油是否正常	10	不能正确完成扣10分	
3	检查喷油器喷油质量和密封性能	10	不能正确完成一项扣5分	
4	检查冷却系统工作情况,检测节温器工作状态	10	不能正确完成一项扣5分	
5	拆下喷油器,在试验台上做性能测试	10	不能正确完成一项扣5分	
6	检查喷油泵供油调节齿杆是否运动自如	10	不能正确完成扣10分	
7	检查供油齿杆与扇形齿轮的啮合状态	5	不能正确完成扣5分	
8	解体检查润滑情况,检查拉杆、飞块收张程度等工作状态是否正常	15	不能正确完成一项扣5分	
9	吸油泵凸轮轴轴向间隙是否符合要求	10	不能正确完成扣10分	
10	按产品说明书要求调怠速值	5	不能正确完成扣5分	
	总　　分	100		

学习任务5　电控柴油机故障诊断与排除

 知识目标

1. 掌握电控柴油机故障的检测方法;
2. 掌握电控柴油机故障的诊断思路;
3. 掌握专用诊断仪使用的基本方法。

 技能目标

1. 能根据电控柴油机的故障现象,判断其产生的原因;
2. 能排除常见的电控柴油机故障。

 建议课时

8课时。

某工地现场有一台康明斯 ISBe185 高压共轨柴油机起动困难,即使能勉强起动,柴油机也会加速不良、怠速不稳定,甚至排气管出现冒黑烟的现象,公司经理安排你去现场进行维修,请你按照正常的操作规程完成柴油机的检查与故障排除。

一　理论知识准备

❶ 电控柴油机故障的检测方法

对于柴油机电控系统而言,某些故障出现后,不可能直接通过人的感觉器官准确获得故障信息,这时,需要通过专用设备和方法对柴油机故障进行系统检测。电控柴油机一般有两种故障码检测方法:一是通过系统故障指示灯的闪烁来读出故障码,再根据相应的故障码表查出故障内容;二是通过故障诊断仪直接读出故障内容。

1)故障指示灯故障码检测方法

(1)将起动开关由"OFF"旋转到"ON"的位置,不要起动柴油机,仪表板上的各种指示灯(包括柴油机故障指示灯)应点亮。

(2)起动柴油机,如果柴油机运行正常,电控系统无故障,柴油机故障指示灯点亮 3s 后应熄灭;如果柴油机故障指示灯没有熄灭,说明柴油机控制系统有故障。

(3)打开故障诊断请求开关(有些机型怠速设置开关打到"ON"位置),故障指示灯以故障码形式显示故障。

2)故障诊断仪检测方法(使用专用故障诊断仪进行故障码检测)

(1)故障诊断仪的主要功能。

①快速、方便地读取或清除故障码。

②对柴油机控制系统进行动态测试,显示瞬时信息,为诊断故障提供依据。

③能在静态或动态下向电控系统各执行元件发出检修作业需要的动作指令,以便检查执行元件的工作状况。

④在柴油机运行或路试时监测并记录数据流。

⑤具有示波器功能、万用表功能和打印功能。

⑥有些诊断仪能显示系统控制电路图和维修指导,以供故障诊断和检修时参考。

⑦有些功能强大的专用诊断仪能对柴油机 ECM 进行某些数据的重新输入和更改。

(2)故障诊断仪的使用方法。

①将起动开关由"ON"旋转到"OFF"的位置(关闭柴油机)。

②将诊断仪的接口线束与柴油机的诊断插座连接,详见故障诊断仪的使用说明书。

③将起动开关由"OFF"旋转到"ON"的位置,不要起动柴油机。

④打开诊断系统软件,选择柴油机(或 ECM)生产商并确认。

⑤在诊断仪显示的功能选择界面中选择"故障诊断"。

⑥在常规选择界面中选择"读取故障码"。

⑦诊断仪显示所读的"故障码",如冷却液温度传感器信号电压太高等。

⑧根据故障码用相关零部件的故障检测及排除方法对故障进行排除。

⑨故障排除后,清除原故障码,用故障诊断仪对电控燃油喷射系统再进行一次故障诊断,确认无故障后再交付使用。

❷ 柴油机故障诊断的思路

1)先外后内,先简后繁

柴油机出现故障后,先对电控系统以外的可能故障部位进行预检查,先从容易发现问题的部位开始检测,如检测电控系统线束的连接状况、传感器或执行器的连接是否良好、线束间的连接是否松动或断开、导线是否有磨损或线路间是否有短路的现象、各连接器的插头和插座有无腐蚀现象、各传感器和执行器有无明显的损坏。

直观检查未找出(或判断出)故障需要借助检测仪器或其他专用工具进行检测时,也应该从简单到烦琐逐步进行。

2)故障指示灯故障优先

综合运用电控系统故障时,故障自诊断系统就会立刻监测到故障并通过柴油机故障指示灯向驾驶人(或操纵者)报警,并同时以代码的方式储存该故障信息。此时按下柴油机的检测开关,柴油机故障指示灯会按顺序闪出故障码,根据对应的资料即可查出故障码所指示的故障,并予以排除。

如果上述方法都不能诊断和排除故障,则需要使用专门的故障诊断仪对电控系统进行全面的检测。

3)新件替换排除法

电控柴油机电气系统中线路所发生的故障,很多都是配线和连接器接触不良造成的,而要具体查出故障原因或位置可能是一件非常费时的事(在实际的维修过程中,为了能快速解决问题,排除故障,最便捷的方法就是采用新件替换,这样可以用最快的方法解决问题,教学过程不提倡此方法)。找到具体故障部件后,再分析或查找故障原因就非常容易了。

❸ 故障诊断流程

1)故障诊断流程五步骤

在进行故障诊断时,准确找出柴油机所呈现的故障症状是非常重要的,确定推测的故障原因以便找出真正的故障原因,为了准确快速地进行故障诊断,必须进行正确的系统诊断操作。

为了查找故障的真正原因,请对照下列循环过程,养成遵循各个故障项原因效果关系的习惯:推测、验证,再推测,再验证。故障诊断流程主要有以下5个步骤。

步骤1:验证和重现故障症状。

验证和重现故障症状是故障诊断的第一步。故障诊断中最重要的一个因素是正确地观察实际故障(症状),并以此做出不带任何偏见的、正确的判断。

步骤2:判定是否是故障。

并不是所有症状都是故障,但这些症状很可能与柴油机特性有关。如果维修人员花大量时间去修理一台实际上并无故障的机械,他不仅浪费了宝贵的时间,而且会失去用户的信任。故障的实质是指由于柴油机上某一部分上的某种异常运转所导致的缺陷。

步骤3:推测故障发生的原因。

推测故障发生的原因应当在维修人员所确定的故障症状基础上准确推测故障的原因,如果故障反复出现,应推测在这些故障当中是否有共同的特性,之前所类似的故障维修的原因是什么,在以往的维修历史中是否有故障的前兆,因此,推测故障的原因必须从大处着手。

步骤4:检查可疑部位找出故障原因。

故障诊断是在通过验证(检查)所获取数据的基础上,逐渐寻找故障真正原因的一个反复过程。检查要点:基于柴油机的功能、结构和运行系统的检查各项,从检查系统功能开始,逐渐缩小到检查单个零部件,充分利用测试仪(所测数据有利于诊断分析)进行数据检测。

步骤5:避免类似故障再次发生。

只有当故障顺利排除,并消除了类似故障再次发生,才意味着此次修理大功告成。避免类似故障再次发生的几个要点:如判断它是一个单独的故障还是一个由于其他部件引起的连锁故障;是由于零部件的寿命造成的,还是由于不适当的维修造成的;是否存在不恰当维修处理和操作;是否由于不适当的使用等。

2)故障诊断操作

(1)诊断性提问。如果预先已问用户一些故障问题,它可以更容易地排除故障,不过这些问题仅供参考,应以实际检测结果为依据。

(2)再现症状。试图再现柴油机的症状时,为了正确地进行故障诊断,更重要的是根据从诊断性提问中得到真实故障的信息,创造出与症状发生时相符合的条件和情况。

(3)检查诊断代码(ECM 数据检查)。当故障发生后检查 ECM 的状况(输入信号、输出信号)并通过检查 ECM 的数据确定故障原因。故障码指示的系统中如传感器、执行机构、线路和 ECM 都可能存在故障。检查方法如下:

①查诊断代码和定格数据并记录下来。

②清除诊断代码,根据诊断提问再现故障症状。要判断柴油机显示代码是由现时故障还是由过去故障引起的,清除显示代码一次,然后进行再现试验。

③再次识别诊断代码并判断代码是否与故障有关。如果显示相同的代码,可以判断故障发生在代码指示的系统中。如果显示的是与故障无关的代码,或者显示的是正常代码,现在的故障是由其他原因引起的。因此,应进行适合于故障症状的故障排除。

(4)判断症状是否是故障。判断症状是否是故障方法是它与另一台相同型号的柴油机进行比较。如果性能水平相等,应做出无故障判断,否则应判断是一种故障并进行故障排除。

❹ 万用表或专用诊断仪使用

使用万用表或专用诊断仪检查可采用开路、在路和柴油机怠速运转三种状态信号。

1)开路检测法

开路检测主要用于检测传感器、执行器电阻和连接 ECM 端子的电压。将万用表置于电阻挡的适当位置并校零后,即可以测量传感器、执行器、ECM 和继电器、线路等的技术状况,用于检测电阻值来判断是否存在故障。

(1)关闭起动开关,拔下待检测线路的线束连接器,检测传感器、执行器本身的电阻值,并填写检测结果到工单的相应表格中。

(2)检测线路的线束连接器之间导线的导通情况。导线之间的电阻、正极与搭铁,应不导通均应为无穷大,而搭铁线与地阻值应为 0Ω。

(3)开路时,在 ECM 连接器端子加有电压的电路中,可以直接检测 ECM 端子的输出电压。当然检测电压时应打开开关到"ON"的位置。

(4)用万用表检查短路法,如果配线短路搭铁,可通过检查配线与车身是否导通来判断短路部位。

2)在路检测法

在路检测法直接在柴油机上实施,检测步骤如下。打开起动开关到"ON"的位置之前,先拔下需要检测的传感器、执行器的线束连接器,在连接器间连接检测导出线,然后打开起动开关,测量连接器上各端子与搭铁之间的电压。若无电压,则应检查 ECM 连接器上一侧端子与搭铁间的电压,若为标准电压值,则断定 ECM 与传感器、执行器之间线路接触不良,若无电压,说明 ECM 有故障。

3)柴油机怠速检测法

在连接器间连接检测导出线,插回导线连接器,起动柴油机,测量各传感器、执行器与搭铁之间的电压,其数值应在 0.5 ~ 4V 和 12V(或 24V)左右变化,并将检测结果填写在相应的工单表格中。如果测得值与规定不符,说明传感器、执行器有故障或者损坏,应重换新件。

二 任务实施

❶ 准备工作

(1)准备一台已设计好故障的电控柴油机。

(2)准备万用表、诊断仪、梅花扳手、开口扳手、扭力扳手等工具。

(3)穿戴工作服、工作鞋、工作帽。

❷ 技术要求与注意事项

(1)遵守安全生产规范和操作规程。

(2)正确使用工具和量具。

❸ 操作步骤

1)故障分析

该台康明斯 ISBe185 柴油机采用博世电控共轨系统,据用户描述此车经常起动困难,开始几次很难起动,但经过多次尝试后柴油机可以起动,而且柴油机起动后有时加速不良、怠速不稳定,甚至排气管出现冒黑烟的现象。

初步检查。首先重现故障症状,熄火后重新起动柴油机,发现故障与用户所描述相符,一般需起动 3 ~ 5 次。

　　柴油机故障指示灯正常,外表并未发现任何的异常,油电路连接完好,油管表面没有渗漏现象,各传感器外形完好无损。使用故障仪读取故障码,没有任何历史故障码或现行故障码。

　　博世电控共轨燃油喷射系统的共轨压力在怠速、空载时的 30.0MPa 到满负荷时的 140.0MPa 范围内变化。共轨压力是 ECM 通过燃油压力控制执行器来调节的,共轨管上还安装有限压阀,以防止燃油压力调节失效后导致压力过高,从而损坏高压供油系统及喷油器等零件。限压阀与溢流阀的作用相同,在超过压力限定值时,限压阀油轨中的压力通过打开溢流口来限制。限压阀开始工作的压力最低值为 160.0MPa,当共轨压力达到 160.0MPa 时限压阀会自动打开以保护高压共轨系统供油的安全。ECM 通过燃油控制执行器、共轨压力传感器、共轨压力限压阀等实行压力闭环控制,允许高压燃油泵按需供给共轨压力。

　　高压共轨系统电磁喷油器是一个二位二通电磁阀,其工作原理为:当喷油器电磁阀未被触发,喷油器关闭时,泄油孔也处于关闭状态,小弹簧将电枢的球阀压向回油节流孔,在球阀控制内形成共轨高压。同样,在喷油器腔内也会形成共轨高压,共轨压力作用在控制柱塞端面的压力加上喷油器弹簧的压力与高压燃油作用在针阀锥面上的开启力相平衡,使针阀保持关闭状态。

　　当电磁阀被触发时,一电枢将泄油孔打开,燃油从阀控制腔流到上方的空腔中,并从空腔通过回油通道返回燃油箱,使阀控制腔中的压力降低。阀控制腔中的压力减小,降低了作用在控制柱塞的压力,于是喷油器针阀打开,喷油器开始喷油。

　　一旦电磁阀断电,不被触发,小弹簧会使电磁阀电枢下压,球阀就会关闭泄油孔。泄油孔关闭之后,从进油孔进入控制腔的燃油将会建立起油压,这个压力为共轨压力,此共轨压力作用在控制柱塞端面上。由于共轨压力和弹簧压力大于喷油器腔中的压力,从而关闭喷油器针阀。

　　由此可知,保证喷油器能够正常工作的必要条件,就是共轨实际压力必须与原设定的理论压力范围相符合。一旦共轨实际压力低于 30.0MPa,喷油器就不能正常开启而使柴油机起动困难。

　　2)故障检查

　　(1)检查电源。检查蓄电池电量是否不足,柴油机运转是否无力或转速低;起动吸铁开关是否打滑,导致电刷接触不良;接触线是否松动或被侵蚀,导线过长、过细,导致电阻过大,产生电压降;起动机接线不正确。

　　(2)检查燃油供给。检查燃油箱油量或管路是否不通,输油泵不输油,出现输油泵出油量少或出泡沫状燃油现象;喷油泵泵端压力是否过低,供油量少或不供油,空气是否未排净;燃油滤清器有水或堵塞及有空气未排净,会出现白烟;喷油器失灵、磨损,柴油机有烟排出;喷油泵喷油时间是否不对,柱塞或齿轮是否装错;燃油的牌号不符合要求或质量不纯,自燃点过高,燃油不能完全燃烧时冒黑烟;停车手柄未复位。

　　(3)检查进气量。检查进气是否受阻,空气滤清器是否积尘过多或受潮;进排气门间隙是否过大或过小,导致柴油机异响;配气定时是否不正确,装错或削切后位移;排气三元催化器是否堵塞。

（4）检查进气压力。检查缸套是否严重磨损、失圆,活塞环是否积炭、结胶过多,失去弹力或卡死;气门、气门座圈的密封面是否烧损或严重磨损。

（5）检查环境温度。主要检查燃油是否起蜡,燃油是否结冰或润滑油黏度过高;外界气温在 -5℃ 以下时,是否有提高温度方面的相应措施,如加开水作冷却液、加热润滑油等。

（6）检查其他方面的原因。如配套输出机械是否带负荷起动;配套输出对柴油机是否有向前方向的轴向力;配套输出机械与柴油机曲轴不同轴度是否超差;某一汽缸内是否进入大量的水或油;检查曲轴是否抱轴、咬缸和其他不正常情况。

3）故障排除

（1）柴油机外表检查及故障码的检测,在"初步检查"时已经检测,显示一切正常。

（2）用诊断仪读取数据流,柴油机正常起动后读取到的所有数据均为正常,共轨压力及总电源电压见表5-1,除了柴油机非正常起动时的共轨压力略低外（17.0MPa）,正常起动后柴油机在怠速、中速及高速满负荷时共轨压力都在正常范围 30.0~140.0MPa,用万用表测量得到的总电源电压与诊断仪读取的总电源电压均在正常范围内,而且没有发现柴油机有缺缸现象。

诊断仪读取的共轨压力及总电源电压   表5-1

序号	检测内容	检测工具	实测	标准
1	不能正常起动时最高共轨压力	诊断仪	17.0MPa	不小于30.0MPa（能正常起动）
2	正常起动后共轨压力	诊断仪	32.0~140.0MPa	30.0~140.0MPa
3	车辆总电源电压	万用表	26.5V	4~27V

（3）为了判断诊断仪读出的压力是否正确,用万用表检测燃油压力传感器的两极电压均正常,说明诊断仪读出的共轨压力也是正确的。同时使用万用表测量喷油器的两极电阻、每个喷油器的接头驱动器触针与柴油机缸体搭铁之间的电阻及每个喷油器的柴油机线束接头上驱动器触针与其他所有触针之间的电阻,检测结果均正常,见表5-2。

诊断仪读取的共轨压力及总电源电压   表5-2

序号	检测内容	检测工具	实测	标准
1	燃油压力传感器电压	万用表	4.85V	4.75~5.25V
2	喷油器两极电阻	万用表	0.45~0.47Ω	<0.5Ω
3	喷油器与缸体电阻	万用表	110~120kΩ	>100kΩ
4	喷油器线束接头驱动器触针与其他触针电阻	万用表	110~120kΩ	>100kΩ

（4）检查电子燃油控制执行器。打开起动开关,听到电子燃油控制执行器发出声响,说明电子燃油控制执行器无故障。

（5）检查共轨压力限压阀。拔下限压阀回油管接头,观察回油情况,发现无论是怠速或满负荷高速时限压阀都无回油,说明限压阀正常,因为限压阀开始工作的压力为 160.0MPa,而柴油机工作的正常压力为 30.0~140.0MPa。

（6）检查低压油路中是否存在空气或堵塞现象。拆开燃油粗滤器和精滤器后并未发现杂质,用高压空气吹低压油管也没有发现堵塞现象;接着把自制的透明胶管和低压油路相连接检查低压油路中是否有空气,结果在柴油机起动及高、低速时都未发现燃油气泡,油路中的燃油流动也很均匀,由此证明低压油路正常。

(7)结合高压共轨供油系统中的喷油器工作原理以及以上几项检查结果推测喷油器的内部有燃油泄漏现象,因此进行了以下试验:

①将柴油机缸盖后面的燃油回油管接头拔下,观察柴油机工作时的燃油回油情况,起动柴油机后发现柴油机怠速工作时回油量是正常时的 2 倍左右,同时回油压力大于正常压力。由于燃油回油量多、压力大,说明之前的判断是正确的,喷油器内部确实存在燃油泄漏。为了更准确判断具体哪个缸产生泄漏,继续以下步骤。

②由于断缸试验对此故障试验效果并不明显,因此将损坏的高压油管自制成一个堵头,从共轨油管到每缸的出油口处进行逐缸试验,逐缸拆下从共轨管到喷油器的高压油管,接下来用堵头堵住共轨管出油口,起动柴油机观察缸盖后面回油出口回油量的变化,如此依次检查看哪一缸的回油量有明显减少,就证明此缸的喷油器存在泄漏现象。试验发现柴油机的 1、5 缸回油量有明显的减少,因此证明 1、5 缸的喷油器存在泄漏现象。

③拆卸 1、5 缸的喷油器总成,同时检查喷油器的泄油部位。根据喷油器型号的结构分析:引起燃油泄漏的原因分别是喷油偶件磨损造成泄漏,喷油器高压连接管与喷油器连接处泄漏,电磁阀泄漏。

根据上述三方面的原因逐一检查,首先拆检喷油偶件,发现喷油偶件比较光滑并没有磨损及卡死等现象,应不存在泄漏;接着检查高压连接件接头与喷油器的接触面,也未发现问题,同时检查喷油器与缸盖的密封垫圈,测量密封垫圈厚度为 0.3mm,与标准值(0.3mm)正好相符(因为密封垫圈厚或薄都会引起高压连接件与喷油器接触面不对正而引起燃油泄漏),O 形圈也完好,因此这部分也不应存在泄漏;接着拆检电磁阀,因为已经对电磁阀线圈进行了测量,电磁阀线圈正常没问题,这里不再检测。

当拆下电磁阀时发现泄油阀门的阀座与球阀都有麻点,原来是泄油阀的阀座与球阀磨损引起燃油泄漏,燃油从回油管回流而使开始起动的柴油机由于转速低难建立起足够的共轨压力,所以柴油机起动困难。

经过以上检查结果发现 1、5 缸喷油器已经损坏,由于喷油器的电磁阀是高精密元件,生产厂家没有提供喷油器的电磁阀配件,因此只好更换 1、5 缸喷油器总成,严格按照维修手册的安装要求把新的喷油器总成安装好,然后进行试车故障现象消失。

三 学习扩展

电控系统检修的注意事项

(1)注意检查搭铁线的状况,其电阻值一般小于 10Ω(应参考检测线路的复杂程度)。

(2)除在测试过程中特殊指明外,不得用试灯去测试任何和 ECM 相连接的电器元件,以防止电路元件器损坏。

(3)电控电路应采用高阻抗数字式万用表检查。在拆卸或安装电感性传感器前应将起动开关断开(OFF),或断开蓄电池的负极接线,以防止其自感电动势损伤 ECM 和产生新的故障。

（4）由于工作环境恶劣和磨损等原因,在电控系统中,各种传感器如氧传感器、冷却液温度传感器和压力传感器的损坏率较高,应引起高度重视。

（5）柴油机电控系统中,故障多的不是 ECM、传感器和执行部件,而是连接器。连接器常会因松旷、脱焊、烧蚀、锈蚀和脏污而接触不良或瞬时短路。因此当出现故障时不要轻易地更换电子器件,而应首先检查连接器的状况。

（6）电控柴油机检查的基本内容仍是油路、电路和密封性(特别是进气系统的密封性)的检验,故障码反映的是电控系统的故障及其对工作有影响的部件的故障,所以原因分析和有关的实际参数是判断故障的依据。

（7）ECM 有记忆功能,但 ECM 的电源电路一旦被切断(如拆下蓄电池)后,它在柴油机运行过程中存储的数据会消失,在检查故障之前不要断开蓄电池。

（8）在起动开关接通的情况下,不要进行断开任何电气设备的操作,以免电路中产生的感应电动势损坏电子元件。当断开蓄电池时必须关闭起动开关,如果在起动开关接通的状态下断开蓄电池连接,电路中的自感电动势会对电子元器件有击穿的危险;自诊时应记下故障码后再断开蓄电池,否则故障码将消失。

（9）冷却液温度传感器长期使用后,性能会发生变化,使冷却液温度信号发生错误,会对燃油喷射、喷油时间及喷油泵的工作等造成不良影响。因此,当柴油机工作不正常(如不能起动、怠速不稳、油耗增加等),而故障自诊断系统又未指示冷却液温度传感器故障码时,不要忽略对冷却液温度传感器的检查。

四 评价与反馈

❶ 自我评价

（1）通过本学习任务的学习,你是否已经知道以下问题:

①电控柴油机故障的检测方法有哪些? _____。

②专用诊断仪使用有哪些? _____。

（2）该故障中用到了哪些工量器具?

_____

（3）实训过程完成情况如何?

_____。

（4）通过本学习任务的学习,你认为自己的知识和技能还有哪些欠缺?

_____。

签名:_____ _____年___月___日

❷ 小组评价(表 5-3)

小 组 评 价 表   表 5-3

序号	评价项目	评价情况
1	着装是否符合要求	
2	是否能合理规范地使用仪器和设备	

续上表

序号	评价项目	评价情况
3	是否按照安全和规范的流程操作	
4	是否遵守学习、实训场地的规章制度	
5	是否能保持学习、实训场地整洁	
6	团结协作情况	

参与评价的同学签名：＿＿＿＿＿＿＿＿＿＿　　　＿＿＿年＿＿月＿＿日

❸ 教师评价

＿＿＿＿＿＿＿＿＿＿＿＿＿＿＿＿＿＿＿＿＿＿＿＿＿＿＿＿＿＿＿＿＿＿＿＿＿

＿＿＿＿＿＿＿＿＿＿＿＿＿＿＿＿＿＿＿＿＿＿＿＿＿＿＿＿＿＿＿＿＿＿。

教师签名：＿＿＿＿＿＿　　　＿＿＿年＿＿月＿＿日

五　技能考核标准

根据学生完成实训任务的情况对学习效果进行评价。技能考核标准见表5-4。

技能考核标准表　　　　　　　　　　　　　　　　表5-4

序号	操作内容	规定分	评分标准	得分
1	检查电源	15	不能正确完成扣15分	
2	检查燃油供给	15	不能正确完成扣15分	
3	检查进气量	15	不能正确完成扣15分	
4	检查进气压力	15	不能正确完成扣15分	
5	检查环境温度	15	不能正确完成扣15分	
6	检查其他原因	25	检查每缺少一项扣5分	
总　　分		100		

项目二　工程机械液压系统故障诊断与排除

学习任务6 液压系统辅助元件故障诊断与排除

——CAT320C 挖掘机"动臂提升慢、下降慢，铲斗挖掘慢、卸载也慢"故障诊断与排除

知识目标

1. 挖掘机工作装置运行速度参考值及其检测方法；
2. 先导阀（又称 PPC 阀）结构及工作原理；
3. 液压系统故障分析、诊断步骤；
4. 维修服务报告的填写规范和要求。

技能目标

1. 工作装置运行速度的正确检测；
2. 挖掘机液压系统先导系统二次压力的检测；
3. 液压系统工作原理图阅读分析；
4. 先导阀的拆装、分解与装配。

建议课时

6 课时。

任务描述

　　浙江萧山的×××老板买了一部 CAT320C 液压挖掘机，在使用一段时间后，挖掘机出现了"动臂提升慢、下降慢，铲斗挖掘慢、卸载也慢"的故障现象。××机械代理服务机

构工程师×××先生被派往现场,×××到现场后,向驾驶人员了解了一些信息,对挖掘机进行了简单的试车操作,迅速锁定故障源头,30min 就将故障排除了。针对 CAT320C 的"动臂提升慢、下降慢,铲斗挖掘慢、卸载也慢"的故障现象,作为初学者应该从哪里入手来分析和解决这个问题呢?

一　理论知识准备

1　工程机械液压系统维修工作步骤

第一步:故障现象确认。

第二步:阅读液压系统图、分析并列出故障原因。

第三步:通过操作、检测、逻辑分析缩小故障原因范围。

第四步:通过压力检测、互换、拆检等方法确定故障源。

第五步:修复故障元件、更换故障元件。

第六步:试车检测相关性能是否达到标准值。

第七步:验收交付、完成相关资料。

×××机械公司维修服务报告见表 6-1。

××机械公司维修服务报告

表 6-1

设备型号	设备编号	工作小时	区域	维修者	客户单位名称
CAT320C	×××	3180h	杭州	×××	×××

<table>
<tr><td rowspan="3">故障现象</td><td colspan="2">顾客投诉故障现象:
动臂提升慢,动臂下降慢,铲斗挖掘慢、铲斗卸载也慢</td></tr>
<tr><td>现场确认故障现象:
动臂提升慢,动臂下降慢,铲斗挖掘慢、铲斗卸载也慢</td><td rowspan="2">
 CAT320C 先导阀原理图 </td></tr>
<tr><td>分析引起故障的原因:
(1)主液压泵故障;
(2)动臂、铲斗油缸故障;
(3)动臂、铲斗换向阀故障;
(4)先导油压偏低等</td></tr>
</table>

检修步骤:

(1)试车检查发现左右行走、左右回转及斗杆动作都很正常。→主液压泵正常;

(2)动臂提升、下降过程无异响,油缸温度正常。→动臂油缸正常;

(3)铲斗挖掘、卸载过程无异响,油缸温度正常。→铲斗油缸正常;

(4)动臂提升、下降,铲斗挖掘、卸载均由右手柄操控,先导压力偏低。先导油通过滤网后再供给先导阀,滤网堵塞?检查发现有棉絮状物质堵塞图中小滤网2,更换滤网后装车试运行正常

续上表

结论与原因分析：

　　先导管路中的小滤网 2 被异物堵塞后，供给右手先导阀的压力变低，主控制阀处于半开启状态，泵的排量因中位负流量控制原因没有增加到预期值，所以运行速度均较慢

服务人员签名：_____

客户意见：

客户确认签名：_____

❷ 挖掘机工作装置运行速度检测

（1）挖掘机工作装置运行速度参考值见表 6-2。

工作装置运行速度（单位：s）   表 6-2

检 测 项 目		新车参考值	重建(修复)值	使用极限值
动臂油缸	伸出	2.8±0.5	3.2	3.6
	缩回	1.9±0.5	2.2	2.4
斗杆油缸	伸出	3.2±0.5	3.7	4.2
	缩回	2.4±0.5	2.6	3.0
铲斗油缸	伸出	3.3±0.5	3.8	4.3
	缩回	1.8±0.5	2.1	2.3

　　（2）工作装置运行速度检测条件。

　　机器配置：动臂 5.67m、斗杆 2.92m、铲斗 0.9m³。

　　发动机状态设置：发动机转速旋钮在"10"位置、AE 开关设为 OFF。

　　液压油温度：将液压油温度提升到 55℃±5℃。

　　（3）动臂运行速度检测。

　　①如图 6-1 所示，将机器停放在坚实的平地上。

　　②清空铲斗。

　　③将铲斗油缸和斗杆油缸全部缩回。

　　④操作动臂使铲斗与地面接触，测量动臂缸活塞杆全部伸出所需要的时间 A。

　　⑤测量动臂由最高位置降至地面所需要的时间 B。

　　⑥重复测量 3 次，取平均值。

　　（4）斗杆运行速度检测。

　　①如图 6-2 所示，将机器停放在坚实的平地上。

　　②清空铲斗。

　　③保持动臂上表面与地面平行。

　　④铲斗油缸全部伸出。

⑤缩回斗杆油缸,测量斗杆油缸活塞杆全部伸出所需要的时间 A。

⑥测量斗杆油缸活塞杆全部缩回所需要的时间 B。

⑦重复测量 3 次,取平均值。

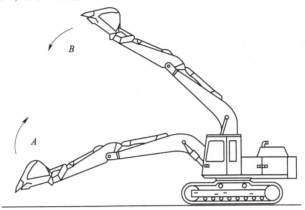

图 6-1　动臂运行速度检测

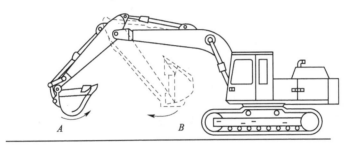

图 6-2　斗杆运行速度检测

(5)铲斗运行速度检测。

①如图 6-3 所示,将机器停放在坚实的平地上。

②清空铲斗。

③保持动臂上表面与地面平行。

④调整斗杆使之与地面垂直。

(6)铲斗油缸全部缩回,测量铲斗油缸活塞杆全部伸出所需要的时间 A。

(7)测量铲斗油缸活塞杆全部缩回所需要的时间 B。

(8)重复测量 3 次,取平均值。

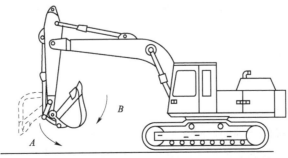

图 6-3　铲斗运行速度检测

❸ **将实际检测值与参考值比较**

将测量值与表6-2所给参考值进行对比,在标准值范围内则属于正常,超出标准值范围的,应该查明原因加以排除。

注意:进行工作装置速度检测时,要远离建筑物,无关人员需与设备保持一定的安全距离,设备上方不能有高压线、光缆等。

❹ **CAT320C液压挖掘机中的液压油过滤器及其安装位置**

在CAT320C挖掘机液压系统原理图中有先导系统压力过滤器(图6-4a)、吸油过滤器(图6-4b)、回油过滤器(图6-4c)、工作装置先导阀压力管道过滤器(图6-4d)、泵与液压马达泄漏回路过滤器(图6-4e)和行走先导阀压力管道过滤器(图6-4f),这些液压油过滤器被安置在油箱底部、回油管路上以及先导阀下部等。

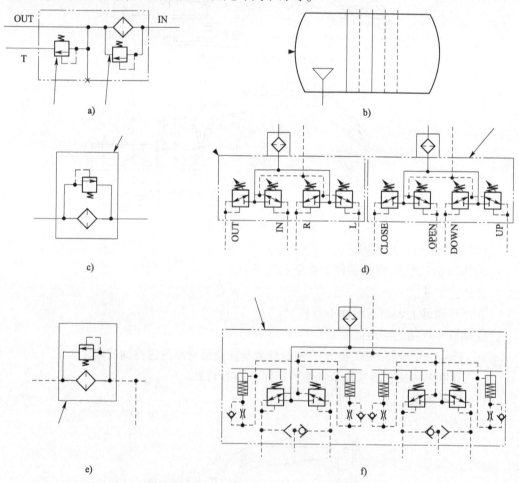

图6-4　CAT320C挖掘机液压系统中过滤器

❺ **先导阀结构**

目前,挖掘机主控阀上的换向阀多采用液控换向阀,控制信号来自左右操作手柄下的先导阀,先导阀的结构如图6-5所示。图6-5a)中,先导阀上共有6个油口,1个P口(与先导泵供油口相通)、1 个 T 口(与油箱相通)和 4 个工作油口(接液控换向阀两端)。由图 6-5b)可以看出,先导阀由阀体、滑阀、计量弹簧、对中弹簧、定位器、安装板等零件组成。

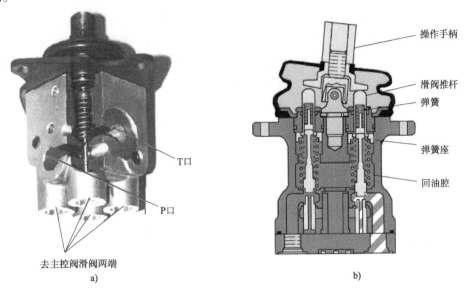

a)

b)

图 6-5 先导阀结构

6 先导阀操控液控换向阀过程

先导阀与液控换向阀油路连接情况如图 6-6 所示。如图 6-6a)所示操作手柄处于中立位置时,A、B 口的油通过滑阀 1 内的小孔 f 与油箱接通,滑阀在中间位置不动,从主泵来的油与执行元件之间通道未被接通,执行元件处于停止状态。当进行手柄操作时油液联通情况如图 6-6b)所示。

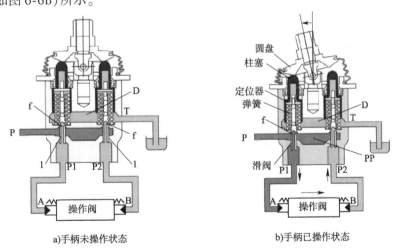

a)手柄未操作状态

b)手柄已操作状态

图 6-6 先导阀工作原理

操作手柄向左扳动→圆盘推动柱塞往下移动→定位器也向下移→弹簧推动滑阀向下移动→PPC 阀 P1 口与滑阀上的 f 口接通→先导压力油通过控制小孔 f 流到油口 A→主控

制阀阀芯往右移动→从主泵来的油经过此阀芯流向执行元件→执行元件工作驱动执行机构动作。

7 先导阀输出压力控制

所谓的先导阀就是一个比例式减压阀,去控制滑阀两端油液压力的高低与操作手柄的倾斜角度(行程)有关,手柄倾斜角度(行程)为0时,4个油口均与油箱T口相通,出口处压力为0;倾斜角度越大则倾角对应方向油口输出油液的压力就越大。先导阀输出压力与行程的关系如图6-7所示。

若手柄行程变大→执行机构运行速度加大,参看图6-6b)。

若手柄行程变大→弹簧的压缩量变大→弹簧作用力变大→滑阀往下移动量变大→小孔f口的流通面积变大→P1口压力变大→主控制阀阀芯移动量变大→去执行元件的流量变大→执行元件运行速度加快。

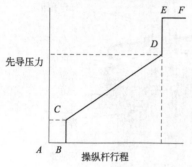

注:空挡:输出曲线 A—B
空挡至全行程之间:输出曲线 C—D
全行程:输出曲线 E—F

图6-7　先导阀输出压力与行程的关系

二 任务实施

1 故障现象确认

向挖掘机驾驶人详细了解故障现象以及故障发生的详细过程(突然出现、逐渐加重、有没有检修维护活动等),通过操作、检查设备确认实际故障现象是否与客户所投诉的故障现象一致,并与客户进行交流确认:

(1)检查铲斗挖掘、卸载速度。

(2)检查动臂提升、下降速度。

(3)检查斗杆回收、伸出速度。

(4)检查左回转、右回转速度。

(5)检查行走前进、后退速度。

(6)检查左侧行走前进、后退速度。

(7)检查右侧行走前进、后退速度。

本次检查主要目的是查验、确认客户所投诉的故障现象与实际情况是否相符,当确认实际的故障现象与客户所投诉的"动臂提升慢、动臂下降慢,铲斗挖掘慢、铲斗卸载也慢"相同与不同时,都要与客户进行沟通确认。

2 阅读挖掘机液压系统工作原理图、分析故障原因

(1)阅读挖掘机液压系统工作原理图,明确动臂油缸工作回路所有液压元件,列出能够引起"动臂提升慢、下降慢"的所有液压元件清单。

工作回路:动臂油缸(2只)、动臂油缸防沉降阀组、动臂油缸大腔端口溢流阀、动臂油缸小腔端口溢流阀、动臂升降换向阀 BOOM1、动臂提升合流换向阀 BOOM2、动臂下降流量再生换向阀、系统主溢流阀、主泵[左泵(单向变量)、右泵(单向变量)](总功率变量

泵)、吸油过滤器、液压油箱。

先导回路:动臂升降换向阀 BOOM1、动臂提升合流换向阀 BOOM2、动臂下降流量再生换向阀、动臂油缸防沉降阀组的换向阀、梭阀阀块、右手先导阀、先导分流阀块、先导电磁阀组、先导溢流阀组、先导泵(单向定量泵)、吸油过滤器、液压油箱。

(2)阅读挖掘机液压系统工作原理图,明确铲斗油缸工作回路所有液压元件,列出能够引起"铲斗挖掘慢、卸载慢"的所有液压元件清单。

工作回路:铲斗油缸、铲斗油缸大腔端口溢流阀、铲斗油缸小腔端口溢流阀、铲斗油缸换向阀、动臂提升合流换向阀 BOOM2、动臂下降流量再生换向阀、系统主溢流阀、右泵(单向变量)(总功率变量泵)、吸油过滤器、液压油箱。

先导回路:铲斗油缸换向阀、梭阀阀块、右手先导阀、先导分流阀块、先导电磁阀组、先导溢流阀组、先导泵(单向定量泵)、吸油过滤器、液压油箱。

(3)根据影响执行元件运行速度液压元件综合分析,绘制出液压系统故障分析树,如图 6-8 所示。由图 6-8 可知,可能是主泵故障或先导系统二次压力偏低故障。

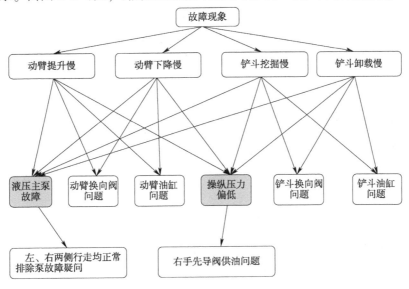

图 6-8　液压系统故障分析树

🔖 故障诊断排除

1)液压主泵不可能有故障

如果以上故障现象是由液压主泵故障引起,由该主泵供油的其他执行机构的动作也应该有不正常的表现,尤其是左右两侧行走速度会有异常现象,试车时已经知道左、右两侧行走速度均正常,左右回转以及斗杆收与放的速度都正常,所以可以确定液压主泵工作正常。

2)先导系统二次压力偏低

所谓的先导系统二次压力就是在操控状态下先导阀出口到换向阀液控口之间的压力。动臂升与降和铲斗挖掘与卸载的操作指令都是从右手先导阀发出去的液控指令,如果由右手先导阀出去的先导系统二次压力偏低则由它所控制的液控换向阀换向操作不到位,阀口开度偏小流量指令反馈信号失真,动臂和铲斗运行速度会有明显偏低。先导系统二次压力检测方法如下:选择一块量程为6MPa的压力计,按照图6-9所示连接方法检测动臂提升时阀杆的先导系统二次压力的大小,验证判断,如果测量值低于正常值,需要查明故障原因并进行排除。CAT320C液压挖掘机先导系统溢流阀设定压力为(4.1±0.2)MPa,参照图6-7先导阀输出压力与操作手柄行程的关系可以知道,先导系统二次压力值应该在0到(4.1±0.2)MPa之间变化,也可以通过检测运行速度正常回路的先导系统二次压力值进行对比。

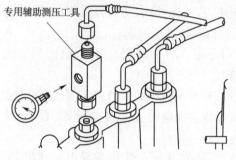

专用辅助测压工具

图6-9 先导系统二次压力测量连接图

注意:在接入测压装置之前必须:①将机器停在坚实、平整的场地上;②将工作装置放置到地面上;③释放液压油箱内的气压;④释放先导系统蓄能器内的油液压力。

3)查找先导系统二次压力偏低原因并加以排除

查阅CAT320C液压系统原理图可以看见,左手操作先导阀、右手操作先导阀和行走先导阀进油口均设有一个小滤网,滤网被异物堵塞就会影响二次先导供油压力。拆检发现右手侧的先导阀滤网被堵塞,更换新滤网试车正常(这种滤网很难清洗干净)。如果现场服务人员没有携带该滤网,可以短时间试车确认,如果确诊该滤网为唯一故障源,则故障诊断工作就圆满完成了。

④ 试车确认

试车确认故障已经排除,按照规范检测并记录动臂提升、下降速度,检测并铲斗挖掘、卸载速度。

⑤ 交付客户验收并填写维修服务报告

(1)维修服务报告必须逐项、规范填写,字迹清楚工整。

(2)内容要真实、简要。

(3)附图应该清楚并与故障处理有关联。

(4)必须有客户的签字确认。

三 学习拓展

① 液压过滤器的分类

液压油中往往含有颗粒状杂质,会造成液压元件相对运动表面的磨损、滑阀卡滞、节流孔口堵塞,使系统工作可靠性大为降低。按滤芯的材料和结构形式,滤油器可分为网式、线隙式、纸质滤芯式、烧结式滤油器及磁性滤油器等。按滤油器安装的位置不同,还可以分为吸油过滤器、压力过滤器和回油过滤器。按其过滤精度(滤去杂质的颗粒大小)的不同,有粗过滤器、普通过滤器、精密过滤器和特精过滤器4种,它们分别能滤去粒径大于$100\mu m$、$10\sim100\mu m$、$5\sim10\mu m$和$1\sim5\mu m$的杂质。

❷ 滤油器的选用

(1)过滤精度应满足预定要求。

(2)能在较长时间内保持足够的通流能力。

(3)滤芯具有足够的强度,不因液压的作用而损坏。

(4)滤芯抗腐蚀性能好,能在规定的温度下持久地工作。

(5)滤芯清洗或更换简便。

因此,滤油器应根据液压系统的技术要求,按过滤精度、通流能力、工作压力、油液黏度、工作温度等条件选定其型号。

❸ 在液压系统中安装滤油器的注意事项

(1)要装在泵的吸油口处。泵的吸油路上一般都安装有表面型滤油器,目的是滤去较大的杂质微粒以保护液压泵,此外滤油器的过滤能力应为泵流量的两倍以上,压力损失小于0.02MPa。

(2)安装在泵的出口油路上。此处安装滤油器的目的是用来滤除可能侵入阀类等元件的污染物。其过滤精度应为10~15μm,且能承受油路上的工作压力和冲击压力,压力降应小于0.35MPa。同时应安装安全阀以防滤油器堵塞。

(3)安装在系统的回油路上。这种安装起间接过滤作用。一般与过滤器并连安装一背压阀,当过滤器堵塞达到一定压力值时,背压阀打开。

(4)安装在系统分支油路上。

(5)单独过滤系统。大型液压系统可专设一液压泵和滤油器组成独立过滤回路。液压过滤器系统中除了整个系统所需的滤油器外,还常常在一些重要元件(如伺服阀、精密节流阀等)的前面单独安装一个专用的精滤油器来确保它们的正常工作。

❹ 右手先导阀的拆卸(图6-10、图6-11)

(1)拆卸螺钉24(4个)、盖23以使护罩29上移。

(2)从盖18上拆下盖17(2个)。

(3)拆卸螺钉21(4个)和螺钉16(2个)以使盖18上移。断开钥匙开关20、空调控制器19和手柄3的所有线束连接器,然后拆卸盖18。拆卸螺钉22、15和13以拆下盖14。

(4)拆下开关盒12的连接器和螺栓11(2个),把开关盒12拆下。

注意:给拆下的软管全部贴标签,以便于重新装配。

(5)把软管31~36拆开。

注意:给所有断开的软管加装盖子。

(6)松开螺母4,把夹子5及27拆下。拔下连接器6以拆下手柄3。(连同线束)松开螺母28以拆下操纵杆30、垫圈25、26及护罩29。

(7)从先导阀10上拆螺栓9(3个)和螺栓8(带销7)以拆卸先导阀10。

🔧:13mm

❺ 先导阀的安装

参照图6-10和图6-11,注意保持油口及管道清洁无污染。

(1)用螺栓9、螺栓8(带销7)固定先导阀10。

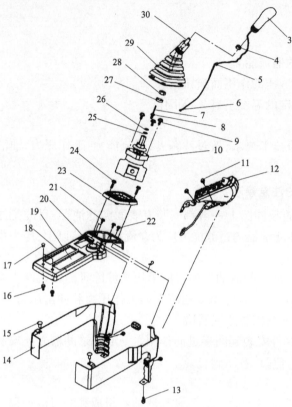

图 6-10　右手先导阀的拆卸(一)

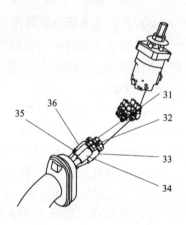

图 6-11　右手先导阀的拆卸(二)

31-软管 T;32-软管动臂下降;33-软管铲斗卷入;34-软管 P;35-软件动臂提升;36-软管铲斗翻出

3-手柄;4-螺母;5-夹子;6-连接器;7-销;8-螺栓;9-螺栓;10-先导阀;11-螺栓;12-开关盒;13-螺钉;14-下盖;15-螺钉;16-螺钉;17-下盖;18-盖;19-空调控制器;20-钥匙开关;21-螺钉;22-螺钉;23-盖;24-螺钉;25-垫圈;26-垫圈;27-夹子;28-螺母;29-护罩;30-操纵杆

🔧:13mm。

🔧:10N·m。

(2)连接软管 31～36。

🔧:19mm。

🔧:29.5N·m。

(3)把螺母 28 暂时拧紧到操纵杆 30,然后安装垫圈 25、26。用螺母 28 把操纵杆 30 安装到阀 10 上。安装护罩 29。把螺母 4 暂时拧紧到操纵杆 30,然后用螺母 4 安装手柄 3。把手柄 3 的线束穿过护罩 29 的上孔,然后用夹子 5 和 27 把它连接到操纵杆 30。通过螺栓 8 的顶部,把线束布置在弹簧销 7 的外侧。安装连接器 6。

🔧:22mm。

🔧:26N·m。

🔧:19mm。

🔧:26N·m。

(4)用螺栓 11(2 个)安装开关盒 12,然后接上连接器。

🔧:13mm。

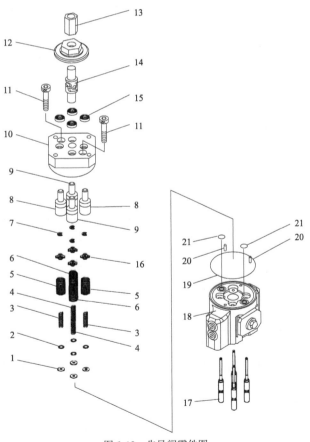

:10N·m。

（5）连接钥匙开关 20 和空气控制器 19 的所有线束。

（6）用螺钉 22、15 和 13 安装盖 14；用螺钉 21（4 个）和 16（2 个）安装盖 18；把盖 17（2个）装在盖 18 上。

（7）用螺钉 24（4 个）安装盖 23。

（8）作业完成后，检查液压油油位，起动发动机并检查有无漏油。

6 **左、右手先导阀的分解**（图 6-12）

（1）用台虎钳固定螺纹接头 13。然后用扳手转动凸轮 12，拆下螺纹接头 13。

（2）用台虎钳轻轻夹住壳体 18 的平面。从万向接头 14 上拆下凸轮 12。

（3）拆下内六角螺栓 11 以拆下垫块 10。此时，推杆 8 和 9 仍在垫块侧。

（4）把推杆 8、9 从垫块 10 上拔出。

（5）用竹片从垫块 10 上拆下油封 15（4 个）。

（6）用特殊工具从弹簧导套 16 的顶部压下弹簧，就可看见卡簧 7。用螺丝刀或类似工具将其拆下。

图 6-12　先导阀零件图

1-隔离套；2-垫片；3 - 平衡弹簧 A；4-平衡弹簧 B；5-复位弹簧 A；6-复位弹簧 B；7-卡簧；8-推杆 A；9 -推杆 B；10-垫块；11-内六角螺栓；12-凸轮；13-螺纹接头；14-万向接头；15-油封；16-弹簧导套；17-阀柱；18-壳体；19-O 形圈；20-定位销；21-O 形圈

(7)从阀柱 17 上拆下弹簧导套 16、平衡弹簧 3、4，复位弹簧 5、6，垫片 2 和隔离套 1。

(8)从壳体 18 上拆卸阀柱 17，边转动边将其拔出。

7 左、右手先导阀的组装(图 6-13)

重要：先导阀很容易弄脏，组装时要保持零件清洁。

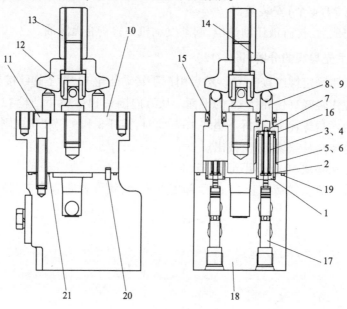

图 6-13　先导阀的组装

1-隔离套；2-垫片；3-平衡弹簧 A；4-平衡弹簧 B；5-复位弹簧 A；6-复位弹簧 B；7-卡簧；8-推杆 A；9-推杆 B；10-垫块；11-内六角螺栓；12-凸轮；13-螺纹接头；14-万向接头；15-油封；16-弹簧导套；17-阀柱；18-壳体；19-O 形圈；20-定位销；21-O 形圈

表 6-3 所示为每个油口和部件之间的关系，组装时要小心不要将它们弄混。

油口和部件之间的关系　　　　　　　　　　　　　　　　表 6-3

油口编号	阀柱 17	垫片 2	推杆 8、9	复位弹簧 5、6	平衡弹簧 3、4
1			外部有槽	短	短
2	与原来的相同	与原来的相同	外部无槽	长	长
3			外部有槽	短	短
4			外部无槽	长	长

(1)把阀柱 17 的细端插到壳体 18 中，然后推动阀柱来转动壳体。

(2)把隔离套 1、垫片 2、平衡弹簧 3 或 4、复位弹簧 5 或 6 安装到阀柱 17，此阀柱已安装在壳体 18 上。

(3)把弹簧导套 16 安装到复位弹簧 3 或 4。使凸起部位朝上，安装弹簧导套。

(4)把卡簧 7 安装到环座(ST 7255)上。

(5)把阀柱 17 的顶部插入弹簧特殊工具(ST 7257)的孔内，从弹簧导套 16 的顶部压下弹簧。用环座(ST 7255)把卡簧 7 安装到阀柱的顶部。

(6)按照与第 2～5 步相同的程序，把剩下的阀柱 17 (3 个)安装到壳体 18。

（7）把 O 形圈 19 和两个 O 形圈 21 安装到壳体 18。

（8）在油封 15（4 个）的内表面涂润滑脂，然后用竹片把油封 15（4 个）安装到垫块 10。

（9）把推杆 8、9 安装到垫块 10。安装推杆时，分别把有槽的推杆安装到 1 号和 3 号油口，把无槽的分别安装到 2 号和 4 号油口。

（10）给推杆 8、9 末端球部涂润滑脂。

（11）给万向接头 14 的接头部位涂润滑脂。

（12）对准定位销 20 的位置，用内六角螺栓 11（2 个）把垫块 10 组件安装到壳体 18。

�by6mm。

▟19.6N·m。

（13）用台虎钳小心地夹住壳体 18，然后把凸轮 12 安装到万向接头 14。拧紧万向接头 14，使凸轮和推杆 8、9 之间的间隙为 0～0.2mm。

🔧：19mm，32mm。

▟：88.2N·m。

（14）用钳子夹住螺纹接头 13 以拧紧万向接头 14。用扳手拧紧凸轮 12。

🔧：32mm。

▟：88.2N·m。

四　评价与反馈

1 自我评价

（1）简述进行工作装置运行速度检测时机器停放要求、发动机转速设定要求、液压油温度要求等：_____

_____。

（2）进行动臂升、降速度检测时铲斗油缸应该处于_____。
进行动臂升、降速度检测时斗杆油缸应该处于_____。

（3）右手先导阀（又称 PPC 阀）共有_____个油口，其中 P 和 T 油口各_____个；工作油口共_____个，工作油口通过液压油管与_____相连；CAT320C 液压挖掘机先导阀工作油口的压力在_____与_____之间。

（4）详细列出铲斗液压缸工作回路的液压元件：_____

_____。

（5）简述液压系统故障分析、诊断步骤：_____

_____。

（6）谈一谈通过本学习任务的学习，自己有什么收获和感想。_____

_____。

（7）结合自己对本次故障分析、诊断过程重新填写服务报告（表 6-4）。

××机械公司维修服务报告

表 6-4

设备型号	设备编号	工作小时	区域	维修者	客户单位名称

<table>
<tr>
<td rowspan="3">故障现象</td>
<td colspan="2">客户投诉故障现象：</td>
<td rowspan="2">贴照片处</td>
</tr>
<tr>
<td colspan="2">现场确认故障现象：</td>
</tr>
<tr>
<td colspan="3">分析引起故障的原因：</td>
</tr>
<tr>
<td colspan="4">检修步骤：</td>
</tr>
</table>

续上表

结论与原因分析：
       服务人员签名：_____
客户意见：   客户确认签名：_____

签名：_____　　_____年____月____日

② **小组评价**（表6-5）

小 组 评 价 表 表6-5

序号	评 价 项 目	评 价 情 况
1	着装是否符合要求	
2	是否能合理规范地使用仪器和设备	
3	是否按照安全和规范的流程操作	
4	是否遵守学习、实训场地的规章制度	
5	是否能保持学习、实训场地整洁	
6	团结协作情况	
7	其他方面	

参与评价的同学签名：_____　　_____年____月____日

③ **教师评价**

_____

_____。

教师签名：_____　　_____年____月____日

五 **技能考核标准**

根据学生完成液压系统故障分析诊断学习效果进行评价。技能考核标准见表6-6。

技能考核标准表 表6-6

序号	项　　目	操作内容	规定分	评分标准	得分
1	液压系统图阅读	讲述铲斗挖掘、卸载状态下主工作油路、先导油路油液流动路线和流动方向	40	流动路线和流动方向正确	
2	对照系统图分析故障	挖掘机铲斗挖掘速度偏慢故障诊断分析要求:列出铲斗工作回路所有液压元件、故障分析诊断步骤	60	明细齐全思路清晰	
	总分		100		

学习任务7　液压系统执行元件故障诊断与排除

——ZX200-3挖掘机"回转起步缓慢,停车时漂移过大"故障诊断与排除

 知识目标

1. 了解液压挖掘机回转机构运行速度及检测方法;
2. 了解液压挖掘机回转停车飘移量及检测方法;
3. 了解斜盘式柱塞马达的结构知识;
4. 了解影响液压挖掘机回转制动效果的因素。

 技能目标

1. 掌握回转马达A、B工作端口压力检测技能;
2. 掌握回转马达的分解与组装技能;
3. 掌握液压系统故障综合分析诊断方法与技能;
4. 掌握斜盘式柱塞马达的检修技能。

 建议课时

6课时。

 任务描述

金华×××先生一台ZX200-3型挖掘机出现了回转起步缓慢,停车时漂移过大,某公司代理店维修人员×××先生被派往施工现场帮助客户解决问题。如果将这个维修任务交给我们来做,我们该从哪里入手呢?

一 理论知识准备

×××先生已经顺利完成维修任务,其分析处理过程及处理结果详见表7-1。

表7-1

××公司维修服务记录单

设备型号	设备编号	工作小时	区域	维修者	客户单位名称
ZX200-3	×××	3500h	金华	×××	×××

故障现象	客户投诉故障现象: 回转起步缓慢,停车漂移过大	
	实际故障现象: 回转起步缓慢,停车漂移过大	
	分析引起故障的原因: (1)马达转子组件磨损严重; (2)换向阀过度磨损; (3)端口溢流阀故障; (4)补油止回阀故障	 ZX200-3 回转马达配流盘、缸体

检修步骤:
(1)试车检查除回转动作异常外,其他动作均正常;
(2)左、右回转起步都很慢,左、右回转停车漂移超常;
(3)拆检回油滤芯发现有许多黄色、银白色金属粉末;
(4)拆检回转马达发现配流盘和铜缸体配合面磨损严重,有周向沟槽

结论与原因分析:
回转马达转子组件中的缸体和配流盘配合面过度磨损使得马达的高压腔和低压腔油液串通,无法建立起工作压力,停车制动时油路密封不严,制动效果不佳。更换回转马达缸体和配流盘后,清洗回转油路和油箱,更换整套液压滤芯后试车运行正常

服务人员签名:_____

客户意见:

客户确认签名:_____

❶ 回转停车漂移概念

所谓回转停车漂移是指操作挖掘机回转时,当操作手柄回中位以后,回转机构没有在预定位置停车,而是转过了一定的角度以后才停车。

❷ 挖掘机回转液压回路构成

ZX200-3 液压挖掘机回转液压回路如图 7-1 所示,由一个双向定量马达、两个补油止回阀、两个溢流阀、一个三位六通液控换向阀和一个回转停放(驻车)制动系统构成,驻车制动系统由一个单作用液压缸、固定式节流阀及一个止回阀等构成。

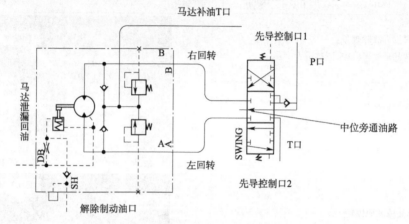

图 7-1　液压系统回转液压回路原理图

❸ 回转停车制动原理

ZX200-3 液压挖掘机回转停车制动主要是依靠液压回路中三位六通液控换向阀中位闭锁机能实现制动的。机械式驻车制动系统在回转机构由动至静的停车过程中是不起制动作用的。

❹ 回转运行速度检测方法及过程

采用测量挖掘机上部回转机构回转 3 整圈所需的时间进行回转速度测量,同时应该注意回转驱动机构的间隙、运行的平稳性及噪声等。回转速度、回转漂移量以及回转溢流阀的标准值见表 7-2。

回转速度、回转漂移量及溢流阀的标准值表　　　　　　表 7-2

项　　目	标　准　值	要　　求
回转速度(s/3 圈)	13.7 ± 1.0	铲斗空载
回转漂移量(mm/180°)	1565 以下	铲斗空载
溢流阀溢流压力(MPa)	$33.3^{+2.3}_{-0.5}$	

1)回转测试准备工作

(1)检查回转齿轮与回转轴承的润滑情况。

(2)把机器停放在平整、坚实的地面上,并为回转操作留下足够的空间,不要在斜坡上进行回转性能测试和检修。

(3)清空铲斗、斗杆油缸完全缩回、铲斗油缸完全伸出,保持铲斗的高度以铲斗连接销的高度与动臂根部的销轴同高,如图 7-2 所示。

（4）将液压油温度保持在 50℃ ±5℃ 范围内。

（5）要防止人身伤害,开始测试以前必须清理场地,工作人员要离开回转区域。

2）回转速度检测

（1）模式选择:发动机高速、动力模式 P 挡、自动怠速开关"OFF"位置、工作模式设置为"挖掘"。

（2）全行程操作回转手柄。

（3）测量同一方向回转 3 圈所需要的时间。

（4）测量另一方向回转 3 圈所需要的时间。

（5）重复测量 3 次、计算平均值并与表 7-2 所给标准值对比。

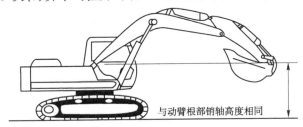

与动臂根部销轴高度相同

图 7-2　回转速度检测状态

5 回转停车漂移量检测

回转装置全速回转 180°停止后,测量回转支承外周的回转漂移量。

1）准备工作

（1）检查回转齿轮与回转轴承的润滑情况。

（2）把机器停放在平整、坚实的地面上,并为回转操作留下足够的空间,不要在斜坡上进行回转性能测试和检修。

（3）清空铲斗、斗杆油缸完全缩回、铲斗油缸完全伸出,保持铲斗的高度以铲斗连接销的高度与动臂根部的销轴同高。

（4）在回转支承外圈和行走架上做定位标记,如图 7-3 所示。

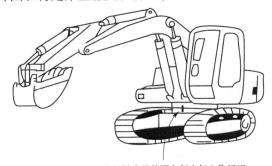

在回转支承外圈和行走架上作标记

图 7-3　回转漂移检测标记

（5）上部回转平台回转 180°,如图 7-4 所示。

（6）将液压油温度保持在 50℃ ±5℃ 范围内。

（7）要防止人身伤害，开始测试以前必须清理场地，工作人员要离开回转区域。

2）回转停车漂移量检测

（1）模式选择：发动机高速、动力模式 P 挡、自动急速开关"OFF"位置、工作模式设置为"挖掘"。

（2）全行程操作回转手柄，在上部回转平台回转 180°、回转平台上的标记对准后，松开操作手柄，让其回到中位。

（3）测量两个标记之间的距离，如图 7-5 所示。

（4）再次对准标记，回转 180°测量另一方向的漂移量。

（5）重复测量 3 次、计算平均值并与表 7-2 所给标准值对比。

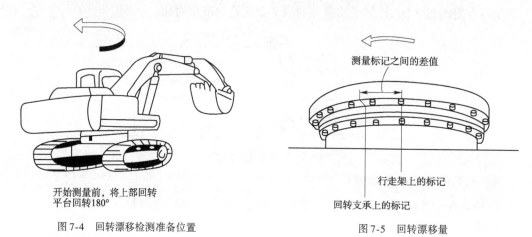

开始测量前，将上部回转
平台回转180°

图 7-4　回转漂移检测准备位置

测量标记之间的差值

行走架上的标记

回转支承上的标记

图 7-5　回转漂移量

二　任务实施

❶ 故障现象确认

向挖掘机驾驶人详细了解故障现象以及故障发生的详细过程（突然出现、逐渐加重、有没有检修维护活动等），通过操作、检查设备确认实际故障现象是否与客户所投诉的故障现象一致，并与客户进行交流确认：

（1）检查左、右回转速度。

（2）检查左、右回转停车漂移量。

本次检查主要目的是查验、确认客户所投诉的故障现象与实际情况是否相符，当确认实际故障现象与客户所投诉的"回转起步缓慢，停车漂移过大"相同或者不同时，都要与客户进行确认。

❷ 阅读挖掘机液压系统工作原理图、分析故障原因

（1）挖掘机液压系统工作原理如图 7-6 所示，明确回转工作回路所有液压元件，列出能够引起"回转起步缓慢，停车漂移过大"的所有液压元件清单。

工作回路：回转马达、回转马达 A 端口溢流阀、回转马达 B 端口溢流阀、回转马达 A 端口补油止回阀、回转马达 B 端口补油止回阀、回转马达换向阀、系统主溢流阀、P2 泵（单向变量）（P1、P2 双泵总功率变量）、吸油过滤器、液压油箱。

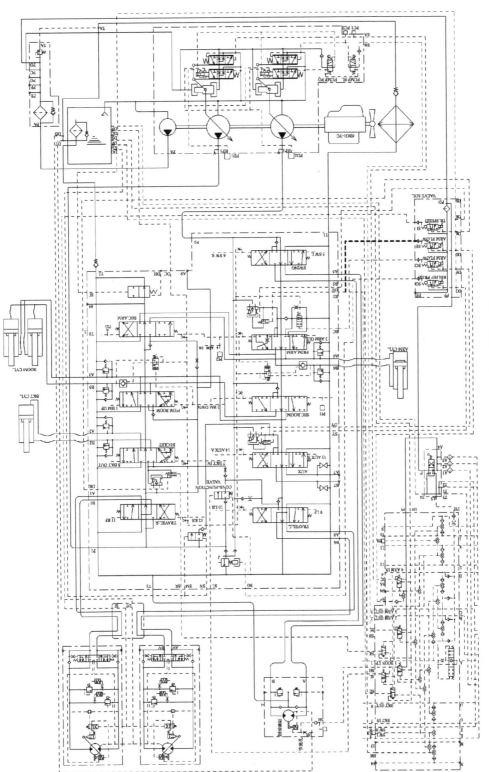

图 7-6　日立 ZX200-3 液压系统原理图

先导回路:回转马达换向阀、梭阀阀块、左手先导阀、管路过滤器、先导分流阀块(安全锁杆)、先导溢流阀组(含先导过滤器)、先导泵(单向定量泵)、吸油过滤器、液压油箱。

驻车制动回路:解除制动油缸(单作用)、节流阀、止回阀、梭阀阀块、左手先导阀、右手先导阀。

(2)根据影响回转马达运行速度及回转停车制动液压元件综合分析,绘制出如图7-7所示液压系统故障分析树。由图7-7可知,回转马达缸体配流盘故障或主控阀回转换向阀过度磨损是引起本故障现象的故障源。

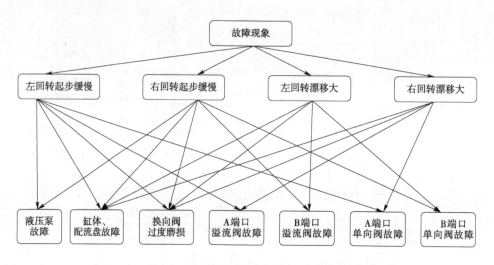

图7-7　回转起步缓慢、停车漂移过大故障树

③ 故障分析、诊断与排除

1)液压马达缸体、配流盘故障(马达内泄漏严重)

由斜盘式液压马达的结构可以知道,马达的内部泄漏分为两种情况:

(1)马达缸体柱塞孔与柱塞配合间隙过大或滑靴与斜盘配合面间隙过大造成的内泄漏,驱动转向时高压区油液有一部分流经马达壳体通过泄漏油道流回液压油箱,如图7-8所示。有一定温升的泄漏油液未经过主控阀直接流回油箱,主控阀不会有温度升高的现象。而泄漏管路温升应该很明显,检测泄漏流量时也应该出现明显超标现象。

(2)马达缸体柱塞孔与配流盘配合间隙过大造成的内泄漏,马达缸体相邻柱塞孔之间有一定的连通,驱动转向时高压区油液有一部分流经马达缸体相邻柱塞孔通过马达回油口经过主控阀流回液压油箱,如图7-9所示。马达因为内部泄漏会引起异常温升。有一定温升的油液经过主控阀直接流回油箱,主控阀也会有温度升高的现象。这种情况下,泄漏管路基本没有明显的温升现象,检测泄漏油量时也不会明显超标。

2)换向阀过度磨损(泄漏严重)

换向阀过度磨损(泄漏严重)主要是因为阀杆与阀体配合间隙过大或阀体产生了纵向沟槽,导致高压区(工作区)与回油或低压区部分连通,有一部分油液未经回转马达直接回油箱区了,如图7-10所示。这种情况下,主控阀因为内部泄漏问题温升现象很明显,而回转马达基本没有异常的温升现象,检测泄漏油量时更不会明显超标。

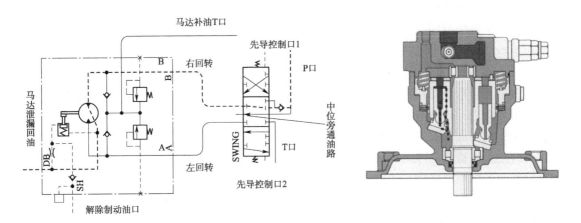

图 7-8　回转马达内漏泄漏油液流动路线(图中粗虚线)

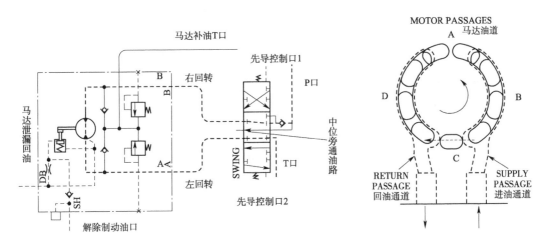

图 7-9　回转马达内漏泄漏油液流动路线(图中粗虚线)

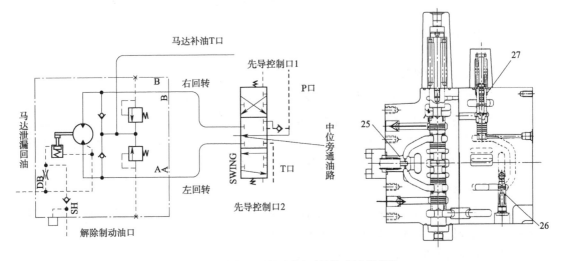

图 7-10　换向阀内漏泄漏油液流动路线(图中粗虚线)

3）检测诊断方法的选择

液压系统故障辅助检测方法有压力检测、流量检测和温度检测。压力检测方法相对简单易行,能够通过检测确定工作压力是否在允许值范围内,但是在本次故障诊断中无法区分故障源在液压马达还是在换向阀;流量检测较为复杂,通过检测回转马达泄漏油口泄漏流量是否异常只能判定马达泄漏的一种情况,另一种情况无法区分,所以,再用检测温度是否异常进行故障源确认更简单易行些。

由于换向阀过度磨损泄漏引起温升现象与回转马达泄漏引起温升现象不同,可以用红外线测温仪检测主控阀和回转马达的异常温升来进一步确认故障源点;也可以采用流量检测设备来检测回转马达泄漏回油是否超标进行进一步故障确认。如果是回转马达缸体与配流盘过度磨损,产生的磨屑既有铜粉末也有钢铁粉末,这些粉末会集中留存在液压油回油过滤器中。拆检回油过滤器,如果见到黄色、银白色金属粉末即可确定回转马达转子组件过度磨损。

4）拆卸回转马达、分解检查并修复

把马达从挖掘机上拆卸下来进行分解,检查马达的配流盘及转子组件(缸体、柱塞等)是否有损坏,更换损坏元件进行修复。

❹ 将修复的或新的回转马达安装到挖掘机上进行试车确认

(1)将修复的或新的回转马达安装到挖掘机上。

(2)将马达壳体内注满洁净的液压油。

(3)将与马达连接的油管按照对应的油口接好。

(4)检查液压油箱的油位是否满足要求。

(5)检测左、右回转速度。

(6)检测左、右回转停车制动漂移量。

❺ 交付确认

与客户进行交付验收,填写服务报告并让客户签字确认。

三 学习拓展

❶ 回转停放制动器

回转停放制动器是一湿式多片制动器。该制动器的解除依靠制动解除压力进入制动活塞室(负压制动型)而生效。制动解除压力只有在工作装置或回转作业进行时才由电磁阀控制输入。除回转或工作装置作业以外的其他作业时,或在发动机未工作期间,制动器油缸解除压力油口直接与油箱相通,制动器处于制动状态。

❷ 制动器的解除

(1)当回转或工作装置操纵杆操作时,信号先导压力控制阀上的回转停放制动解除阀柱移动。因此,来自先导泵的先导液压油流到 SH 油口(图7-10)。

(2)SH 油口的先导压力推开止回阀,流进制动活塞室。

(3)然后制动活塞被顶起,使钢片和摩擦片分开,制动解除。

❸ 制动器的制动

（1）当回转或工作装置操纵杆松开后，信号先导压力控制阀内的回转停放制动解除阀柱回到空挡位，使流到 SH 油口的先导压力减小。

（2）因此止回阀关闭，使制动解除压力通过节流孔流进回转马达壳体。

（3）接着，弹簧的力施加于钢片和摩擦片，而钢片和摩擦片通过制动活塞分别与转子的外径和壳体内径啮合。所以转子外径被摩擦力托起。发动机不工作时，无先导压力进入 SH 油口，使制动器自动施闸。回转马达停放制动器两种作业状态如图 7-11 所示。

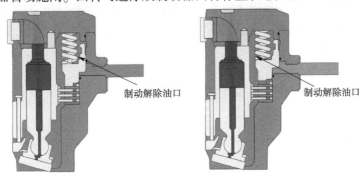

a)制动状态   b)制动解除状态

图 7-11 马达制动器两种状态（制动状态、制动解除状态）

❹ 制动器的延时制动

由图 7-12 可以看出，当操纵工作装置或回转运行时，先导压力油推开止回阀迅速进入马达制动油缸有杆腔推动活塞下行解除回转马达制动；而当回转或工作装置操纵手柄由工作位置回到中位时 SH 油口失去压力止回阀关闭，制动油缸活塞在弹簧力的作用下向上运行，由于止回阀处于关闭状态，有杆腔中的油液通过节流孔回油箱，因此产生了一定的延时效应。回转马达的制动延时时间为 0.8s。因此，回转停止操作后起制动作用的并不是回转制动机构，而是中位封闭的油路。

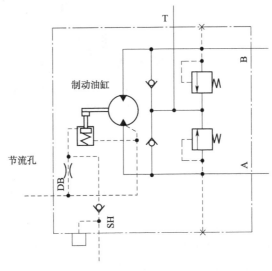

图 7-12 马达制动器延时制动

⑤ 回转马达补油止回阀

在回转停止期间,回转马达被上部回转平台的惯力推动,马达的转动由惯性力推动时比由泵输出的压力油推动时快,所以在油路内产生空穴。为了防止空穴,当回转油路内的压力比回油路(油口 T)内的压力少得多时,补油止回阀打开液压油从液压油箱进入油路以消除油路内的缺油状态。

⑥ 回转马达的分解与装配

在进行回转马达分解与装配之前必须把马达从挖掘机上拆卸下来,如何拆卸回转马达本书就不再赘述了,但是在开始拆卸工作之前必须将机器停放在平整、坚实的场地上,并一定要释放液压油箱内的压力!!!

1)回转马达的分解

注意:没有必要的话请勿分解溢流阀等装在马达上的部件!!!

(1)参看图 7-13,从阀壳体 28 拆下 2 个溢流阀 32。

🔧:41mm。

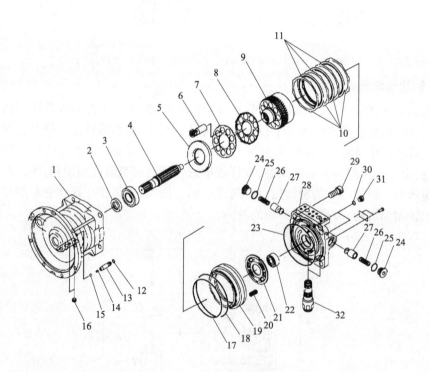

图 7-13 回转马达零件图

1-壳体;2-油封;3-轴承;4-轴;5-滑板;6-柱塞(9 个);7-板;8-保持器;9-转子;10-钢片(4 片);11-摩擦片(3 片);12-O 形圈;13-活塞;14-弹簧;15-钢球;16-螺塞(2 个);17-O 形圈;18-O 形圈;19-制动活塞;20-弹簧(24 个);21-配油盘;22-轴承;23-O 形圈;24-螺塞(2 个);25-O 形圈(2 个);26-弹簧(2 个);27-提升阀(2 个);28-阀壳体;29-内六角螺栓(4 个);30-O 形圈(2 个);31-螺塞(2 个);32-溢流阀(2 个)

(2)在阀壳体 28 和壳体 1 的结合面做对应标记。然后拆下 4 个内六角螺栓 29,此时阀壳体 28 和壳体 1 之间有一间隙,将该间隙记下。

⌐ :17mm。

(3)从壳体 1 拆下阀壳体(马达后盖 28)。

(4)把配油盘 21 从阀壳体 28 或转子 9 拆下时,切勿使螺丝刀伤其结合面,(安装时,注意保护配油盘的结合面),仔细检查配油盘与缸体 9 配合面有无损伤。

(5)若在步骤 4 中配油盘 21 仍与转子 9 连在一起,则从转子拆下配油盘,拆下 24 个弹簧 20。

(6)将制动活塞 19 从马达壳体上拆下来可以用专用工具(ST 1468)将其活塞拉出壳体 1,也可以从 B 孔吹入压缩空气,以使制动活塞浮起,采用吹入压缩空气的方法必须注意安全,要防止活塞 13 及制动活塞 19 飞出。

(7)从壳体 1 拆下 O 形圈 17、18。

(8)将壳体 1 水平放置,从轴 4 拆下转子 9、保持器 8、板 7 和 9 个柱塞 6,注意不要损伤转子 9 和柱塞 6 的滑动面。

(9)从壳体 1 拆下 4 片钢片 10 和 3 片摩擦片 11。

(10)从壳体 1 拆下滑板 5。

(11)用塑料锤轻敲轴 4 以使其从壳体 1 上拆下。

(12)从壳体 1 拆下油封 2。

(13)检查轴承 3,如果没有损坏建议不要拆卸。

(14)分解结束后,仔细检查各零件磨损情况,不能使用的零件请予以更换。

2)回转马达的装配

(1)如图 7-14 所示,用压力机将轴承 3、轴承 22 的内圈推进轴 4 上。

(2)用导板将油封 2 推入壳体。

(3)用导杆将轴承 3 的外圈安装进壳体。

注:在轴 4 一端的花键上缠上胶带以防伤及油封 2。

(4)将壳体 1 水平放置,把轴 4 安装进壳体 1。

(5)将阀壳体 28 安装面朝上放置壳体 1。然后安装滑板 5,装时让其内倒角侧朝里。

(6)对准凹槽组装板 7 和保持器 8,然后,安装 9 个柱塞 6。

(7)在柱塞 6 上均匀涂抹液压油,然后将柱塞组件装入转子 9 中;把壳体 1 水平放置,将转子 9 组件安装到轴 4 上及马达壳体中。

(8)把壳体 1 垂直放置。将 4 块钢片 10 和 3 块摩擦片 11 交替安装进壳体 1,在钢片 10 外面和摩擦片 11 的花键齿面各有 4 个凹槽,安装时,务必使各凹槽对准同一位置。

(9)将 O 形圈 17 和 18 安装在壳体 1 上。

(10)对准安装标记将制动活塞 19 安装进壳体 1,若由于 O 形圈的阻力而使得制动活塞 19 难以安装时,用塑料锤均匀敲击环边以将其打入。

(11)将 O 形圈 23 安装在阀壳体 28 上。然后安装配油盘 21,将润滑脂涂于配油盘 21 以防其从阀壳体 28 上脱落。

(12)对准阀壳体 28 和壳体 1 的配合标记,将阀壳体放到壳体 1 上。

（13）用内六角螺栓 29（4 个）将阀壳体 28 安装到阀壳体 1。

⌐：17mm。

⌐：430N·m。

（14）将溢流阀 32（2 个）安装到阀壳体 3 内。

🔧：41mm。

⌐：175N·m。

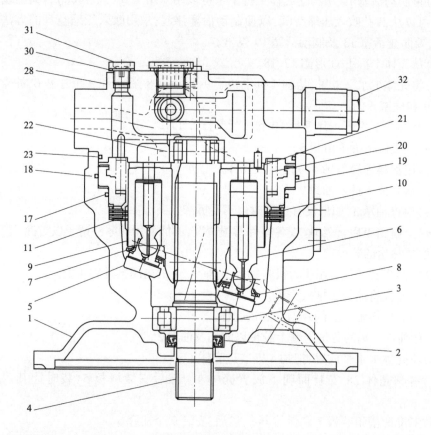

图 7-14　回转马达剖视图

1-壳体；2-油封；3-轴承；4-轴；5-滑板；6-柱塞（9 个）；7-板；8-保持器；9-转子；10-钢片（4 片）；11-摩擦片（3 片）；17-O 形圈；18-O 形圈；19-制动活塞；20-弹簧（24 个）；21-配油盘；22-轴承；23-O 形圈；28-阀壳体；30-O 形圈（2 个）；31-螺塞（2 个）；32-溢流阀（2 个）

四　评价与反馈

❶ 自我评价

（1）写出回转工作回路的所有液压元件：_____

_____

_____。

（2）参与挖掘机回转制动的液压元件有：_____

_____。

（3）回转停车漂移现象是指：_____

_____。

（4）回转马达零部件有：_____

_____。

（5）结合自己对本次故障分析、诊断过程重新填写服务报告（表7-3）。

××公司维修服务记录单
表7-3

设备型号	设备编号	工作小时	区域	维修者	客户单位名称

故障现象	客户投诉故障现象：	
	实际故障现象：	
分析引起故障的原因：		
检修步骤：		
结论与原因分析： 服务人员签名：_____		
客户意见： 客户确认签名：_____		

签名：_____　　　_____年____月____日

❷ 小组评价（表7-4）

小 组 评 价 表　　　　　　　　　　　　表7-4

序号	评价项目	评价情况
1	着装是否符合要求	
2	是否能合理规范地使用仪器和设备	
3	是否按照安全和规范的流程操作	
4	是否遵守学习、实训场地的规章制度	
5	是否能保持学习、实训场地整洁	
6	团结协作情况	
7	其他方面	

参与评价的同学签名：＿＿＿＿＿＿＿＿＿＿＿＿＿　　＿＿＿＿年＿＿月＿＿日

❸ 教师评价

＿＿＿＿＿＿＿＿＿＿＿＿＿＿＿＿＿＿＿＿＿＿＿＿＿＿＿＿＿＿＿＿＿＿＿＿＿

＿＿＿＿＿＿＿＿＿＿＿＿＿＿＿＿＿＿＿＿＿＿＿＿＿＿＿＿＿＿＿＿＿＿＿＿＿

＿＿＿＿＿＿＿＿＿＿＿＿＿＿＿＿＿＿＿＿＿＿＿＿＿＿＿＿＿＿＿＿＿＿＿＿。

　　　　　教师签名：＿＿＿＿＿＿＿＿＿　　＿＿＿＿年＿＿月＿＿日

五 技能考核标准

根据学生完成液压系统故障分析诊断学习效果进行评价。技能考核标准见表7-5。

技能考核标准表　　　　　　　　　　　　表7-5

序号	项目	操作内容	规定分	评分标准	得分
1	斜盘式液压马达检修	准备工作、安全措施、检修步骤	30	准备充分、安防得当、步骤正确	
2	液压系统图阅读	讲述操作左右回转时主工作油路、控制油路油液流动路线和流动方向	30	流动路线和流动方向正确	
3	回转制动漂移故障诊断	导致回转制动漂移的液压元件明细、故障诊断方法、诊断难易程度判断	40	明细齐全,思路清晰	
		总　　分	100		

学习任务8　液压系统控制元件故障诊断与排除

——CAT320C 挖掘机"动臂提升缓慢"故障诊断与排除

 知识目标

1. 掌握动臂提升端口溢流阀结构及工作原理;
2. 掌握动臂抗漂移阀结构及工作原理;
3. 能够正确分析动臂抗漂移阀的工作过程。

 技能目标

1. 掌握系统主溢流阀压力调整及设定方法;
2. 掌握动臂提升端口溢流阀压力调整及设定方法;
3. 掌握 CAT320C 液压挖掘机动臂提升回路故障分析诊断方法。

 建议课时

6 课时。

 任务描述

　　一台 CAT320C 挖掘机出现了"动臂提升缓慢、无力,其他所有动作均正常"的故障现象,CAT 设备代理商××公司服务人员×××先生承接了本维修任务。我们来看看他是怎么做的,为什么按这个步骤来进行故障诊断呢? 哪些因素会造成"动臂提升缓慢、无力"故障现象呢?

　　CAT320C 挖掘机"动臂提升缓慢、无力,其他所有动作均正常",故障源头在哪里? 根据液压系统传动的特点分析,问题应该集中在动臂提升回路当中。我们需要阅读 CAT320C 挖掘机的液压系统原理图,了解动臂工作回路的组成要素,并了解各液压元件的结构及作用,同时还要掌握液压系统相关压力的检测方法和检测条件。

一　理论知识准备

　　×××先生已经圆满地完成了本次维修任务,详见表8-1。

××机械有限公司维修服务报告 表 8-1

设备型号	设备编号	工作小时	区域	维修者	客户单位名称
CAT320C	×××	2850h	浙江	×××	××

<table>
<tr><td rowspan="2">故障现象</td><td>客户投诉故障现象：
动臂提升缓慢、无力</td><td rowspan="2">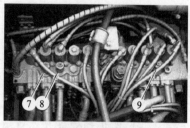
7-动臂油缸杆端溢流阀；
8-铲斗油缸盖端溢流阀；
9-斗杆油缸盖端溢流阀；
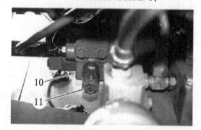
10-动臂抗漂移阀；
11-动臂提升端口溢流阀</td></tr>
<tr><td>现场确认故障现象：
动臂提升缓慢、无力</td></tr>
<tr><td colspan="2">分析引起故障的原因：
(1)动臂提升端口溢流阀故障；
(2)动臂提升二次压力偏低；
(3)动臂换向阀柱Ⅰ、Ⅱ卡滞；
(4)动臂抗漂移阀故障</td></tr>
<tr><td colspan="3">检修步骤：
(1)测量动臂提升溢流时左、右液压泵输油压力为20MPa,明显低于标准值；
(2)松开锁紧螺母,试着将调压螺栓顺时针旋进1.5圈,旋紧锁紧螺母后试运转正常,检测动臂提升溢流时左、右泵输出压力为34.5MPa；
(3)将主安全阀调到最高位置后,再将动臂提升端溢流阀压力调至36.5MPa,然后将主溢流阀压力调回到34.5MPa</td></tr>
<tr><td colspan="3">结论与原因分析：
动臂提升端口溢流阀调校不当,未达到设定的压力范围

 服务人员签名：_____ </td></tr>
<tr><td colspan="3">客户意见：

 客户确认签名：_____ </td></tr>
</table>

❶ CAT320C 挖掘机溢流阀压力设定值

CAT320C 挖掘机液压系统具有系统主溢流阀及多个执行元件端口溢流阀,其设定值与溢流阀溢流时溢流阀通过的溢流油量有很大关系。因此在设定溢流阀的溢流压力时一定要按照出厂时压力设定的技术条件来设定溢流阀的压力。

CAT320C 液压挖掘机溢流阀溢流压力的设定、检测过程是以液压泵的功率变换电磁阀输出压力在 2.9MPa 时的泵的压力流量特性为参考标准的。图 8-1 为 CAT320C 挖掘机液压泵的流量压力特性曲线图。图中曲线表示为固定功率变换压力下的恒功率曲线,系统主溢流阀及各端口溢流阀压力设定值见表 8-2。

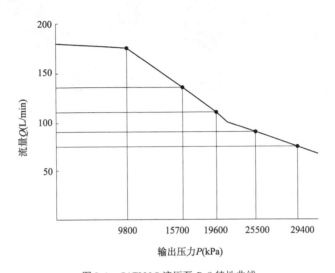

图 8-1 CAT320C 液压泵 *P-Q* 特性曲线

CAT320C 液压系统溢流阀设定值(单位:MPa)   表 8-2

项 目	全新技术规格	重建技术规格	使用极限范围	备 注
主溢流阀	34.3 ± 0.49	34.3 ± 0.49	32.34 ~ 34.79	
动臂油缸	36.8 ± 1.47	36.8 ± 1.47	33.85 ~ 38.27	
斗杆油缸	36.8 ± 1.47	36.8 ± 1.47	33.85 ~ 38.27	
铲斗油缸	36.8 ± 1.47	36.8 ± 1.47	33.85 ~ 38.27	
回转马达	26.0 ± 0.98	26.0 ± 0.98	24.04 ~ 26.98	
行走马达	36.8 ± 1.47	36.8 ± 1.47	33.85 ~ 38.27	
先导系统	4.1 ± 0.2	4.1 ± 0.2	4.1 ± 0.2	

❷ **主溢流阀压力的检测与调整设定**

(1)将机器停放在平地上,并关闭发动机。

(2)释放液压系统的压力。

(3)将一个 60MPa 的压力计连接到标号为①的测压接头上,如图 8-2 所示。

(4)起动发动机。

(5)将发动机速度控制表盘设在"10"挡位置上,将"AEC"开关设为"OFF"。

(6)测量过程中需保持液压油温度在 55℃ ±5℃ 范围内。

(7)操作铲斗外翻动作直到铲斗油缸活塞杆处于全缩状态。

(8)检查压力计的读数值,如果压力不在 34.3MPa ± 0.49MPa 范围内则将其调整到正确值之内,主溢流阀的位置如图 8-3 所示。调压螺钉旋转一圈溢流阀压力变化参考值见表 8-3 。

图 8-2　CAT320C 液压泵测压接头位置
1-左泵测压接头;2- 右泵测压接头;3-功率变换压力检测接头

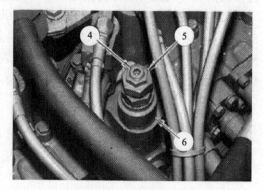

图 8-3　CAT320C 主溢流阀位置
4-调整螺钉;5-锁紧螺母;6-主溢流阀

CAT320C 液压系统溢流阀调整螺钉旋转一圈压力变化值　　　　表 8-3

溢　流　阀	调整螺钉转一圈的压力变化值 (MPa)	溢　流　阀	调整螺钉转一圈的压力变化值 (MPa)
主安全阀	14.4	行走马达溢流阀	3.05
工作装置油缸端口溢流阀	11.00	先导系统溢流阀	0.62
回转马达溢流阀	6.80		

❸ 工作装置、行走机构端口溢流阀压力的测试与调整(以行走溢流阀为例)

由于工作装置、行走机构端口溢流阀的设定压力大于主溢流阀的设定压力,在测试和调整这些机构的端口压力的时候,则必须将主溢流阀的设定压力调高,一般在标准设定数值的基础上再顺时针旋进一圈。在进行所有端口溢流阀压力调整的时候,必须起动维修模式使得动力换挡电磁阀的输出压力固定在 2.9MPa,这样就使得液压泵的输出功率保持一个恒定值。

(1)将机器停放在平地上,并关闭发动机。

(2)释放液压系统的压力。

(3)将一个 60MPa 的压力计连接到①号测压接头上,以此监测右行走马达溢流阀压力调整。

(4)将另一个 60MPa 的压力计连接到②号测压接头上,以此监测左行走马达溢流阀压力调整。

(5)将一个 6MPa 的压力计连接到标号为③的测压接头上(图 8-2)。

(6)如图 8-4 所示,将履带挡块总成放置在行走链轮中。

(7)起动发动机,将发动机速度控制表盘设在"10"挡位置上,将"AEC"开关设为"OFF"。

(8)将液压油温度提高至 55℃ ±5℃范围内。

①起动维修模式,并输入固定的动力换挡压力2.9MPa。

②将左行走操纵杆慢慢地移到前进最大位置上,检查测压接头②上压力计的读数值,压力计读数应该为36.8MPa±1.47MPa,否则进行调整(左行走前进溢流阀位置如图8-5所示)。

注意:顺时针旋转调整螺钉压力升高,逆时针旋转调整螺钉压力降低。

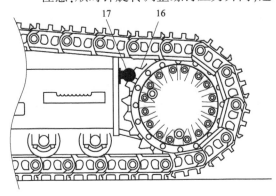

图8-4　测量左侧行走前进溢流压力时履带挡块放置位置

16-行走链轮;17-履带挡块总成

图8-5　左侧行走马达溢流阀位置

18、22-锁紧螺母;19、23-调整螺钉;20-左侧前进溢流阀;21-左侧后退溢流阀

❹ **固定换挡压力值输入方法**(以2.90MPa为例,监控器面板信息见图8-6)

(1)按菜单键J。注意:如果两次按键间隔超过30s,菜单模式会被取消,信息显示器A会恢复到原来的显示模式。

(2)按向下键E,使菜单条"SERVICE OPTIONS"在信息显示屏上高亮显示,按确认键I确认。

(3)输入口令"FFF2"。按向左键D或向右键F以改变闪烁特性位置。按向上键C或向下键E以改变闪烁特性值。显示正确口令后,按确认键I确认。

(4)按向下键E使菜单条"SWITCH　STATUS"在显示屏上高亮显示。

(5)反复按向右键F,直到显示屏上显示"DEVICE TEST"。

(6)按向下键E使显示屏上的内容下移一行。

(7)反复按向右键F,直到显示屏上显示"PSPRV-FIXED"。

(8)按向下键E。

(9)按确认键I,显示屏上的第四行显示为数字值,这些数值代表动力换挡压力值,单位为kPa。

(10)按向左键D或向右键F,使显示屏第四行显示的数值增加或减少到"2900"。按一次向左键D,则动力换挡压力减少10kPa,按一次向右键F,则动力换

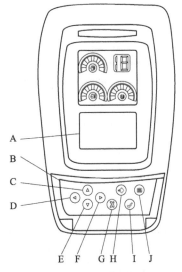

图8-6　监控器面板信息

A-信息显示屏;B-键盘;C-向上键;D-向左键;E-向下键;F-向右键;G-取消键;H-设置键;I-确定键;J-菜单键

挡压力增加 10 kPa。注意：监控器上显示的动力换挡压力值可能不会与图 8-2 测压接头③上的压力计的读数相同，请调整监控器上的显示值，直到压力计上的压力显示为"2900kPa"。此时输送到液压泵调节器上实际的动力换挡压力就是"2900kPa"。

（11）按向上键 C，显示屏上显示"SUCCESS"。注意：为了防止溢流阀调整过程中改变动力换挡压力，不要将发动机的起动开关转到"OFF"位置。

二 任务实施

❶ 故障现象确认

向挖掘机驾驶人详细了解故障现象以及故障发生的详细过程（突然出现、逐渐加重、有没有检修维护活动等），通过操作、检查设备确认实际故障现象是否与客户所投诉的故障现象一致，并与客户进行交流确认：

（1）检查、检测动臂提升、下降运行速度。

（2）检查、检测斗杆收、放运行速度。

（3）检查、检测铲斗挖掘、卸载运行速度。

（4）检查、检测左、右回转运行速度。

（5）检查、检测左侧履带前进、后退运行速度。

（6）检查、检测右侧履带前进、后退运行速度。

本次检查主要目的是查验、确认客户所投诉的故障现象与实际情况是否相符，当确认实际故障现象与客户所投诉的"动臂提升缓慢、无力"相同或者不同时，都要与客户进行确认。

❷ 阅读 CAT320C 挖掘机液压系统工作原理图、分析故障原因

1）操作动臂提升时先导油路油液流动路线

油箱→先导齿轮泵→电磁阀组→滤网→先导操作阀组（动臂提升）→

$\left[\begin{array}{l}\text{左侧控制阀动臂滑阀 I 上腔}\\\text{右侧控制阀动臂滑阀 II 下腔}\\\text{梭阀→压力开关}\end{array}\right.$

2）动臂提升时左泵、右泵同时向油缸大腔供油，操作动臂提升时主油路油液流动路线

进油：$\left.\begin{array}{l}\text{①油箱→右泵→主安全阀（并联）→左片控制阀（动臂滑阀 I 上位）}\\\text{②油箱→左泵→主安全阀（并联）→右片控制阀（动臂滑阀 II 下位）}\end{array}\right\}$ →动臂抗漂移阀→大腔端口溢流阀（并联）→动臂油缸大腔（活塞杆外伸）。

回油：动臂油缸小腔油液→右片控制阀→小腔端口溢流阀（并联）→（动臂控制阀 II 下位）→控制阀 T 通道→过滤器→散热器→油箱。

3）影响动臂油缸提升速度的原因分析

我们都知道影响执行元件运行速度快慢的是系统的流量，流量大则运行速度快，流量小则运行速度就慢。

（1）左泵、右泵供油不足故障。经过试车检测，除了动臂提升速度偏慢以外，其他动作均正常，可以确定左泵与右泵均正常，无故障。

　　(2)右片控制阀(动臂滑阀Ⅱ)不能换位或换位不彻底。动臂提升有动作,动臂下降速度正常,基本可以确定右片控制阀(动臂滑阀Ⅱ)运行正常。

　　(3)左片控制阀(动臂滑阀Ⅰ)不能换位或换位不彻底。可以通过拆检确认该换向滑阀是否因为卡滞造成换向不彻底,或通过检测先导系统二次压力来确认该换向滑阀是否因为二次先导压力偏低造成换向不彻底。先导系统二次压力检测压力表连接方法参看图8-7,该操作比较麻烦,先进行易于确定的项目。

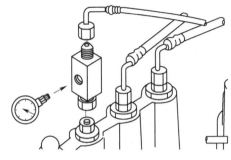

图8-7　先导系统二次压力测量连接图

　　(4)动臂抗漂移阀故障。动臂下降速度正常可以确认动臂抗漂移阀无故障。

　　(5)动臂油缸大腔端口溢流阀故障。如果动臂油缸大腔端口溢流阀设定压力偏低或出现内漏均会造成"动臂提升缓慢、无力"故障现象,通过检测动臂提升过程及动臂提升至极限位置时的系统压力也无法确定故障是否就是由动臂油缸大腔端口溢流阀引起。但是我们知道,动臂缸大腔与小腔溢流阀以及斗杆及铲斗油缸的端口溢流阀不仅结构相同,设定压力也相同,我们采用元件互换法来进行故障诊断。将动臂提升端口溢流阀11与铲斗端口溢流阀8进行互换并试车检查(图8-8和图8-9),如果动臂提升正常,而铲斗挖掘无力,则可确定动臂端口溢流阀故障。

图8-8　多路控制阀俯视图

7-动臂油缸杆端溢流阀;8-铲斗油缸盖端溢流阀;

9-斗杆油缸盖端溢流阀

图8-9　多路控制阀侧视图

10-动臂抗漂移阀;11-动臂油缸大腔端口溢流阀

　　(6)动臂油缸内部泄漏。动臂下降动作及运行速度均正常,再加上动臂提升在空中时没有自动下沉现象发生,可以确定动臂油缸工作正常。

3 故障诊断与排除

　　由以上分析可知,故障源已经锁定在左片控制阀(动臂滑阀Ⅰ)和动臂油缸大腔端口溢流阀之间,由于左片控制阀(动臂滑阀Ⅰ)是否存在故障诊断确认相对麻烦一些,我们先来确认动臂油缸大腔端口溢流阀是否存在故障。由于工作装置执行机构的几个端口溢流阀结构及设定压力都相同,我们采用液压元件互换法进行故障诊断。将图8-8中标号为8的溢流阀与图8-9中标号为11的溢流阀进行互换试车,检查机器运行情况,如果动臂提升运行速度正常则故障源就确定了。如果动臂提升速度表现依旧则再进行左片控制阀(动臂滑阀Ⅰ)故障诊断,修复或更换故障件进行故障排除。

❹ 试车确认

进行试车确认故障已经排除,按照规范检测并记录动臂提升、下降速度,检测铲斗挖掘、卸载速度。

❺ 交付客户验收并填写维修服务报告

(1)维修服务报告必须逐项、规范填写,字迹清楚工整。

(2)内容要真实、简要。

(3)附图应该清楚并与故障处理有关联。

(4)必须有客户的签字确认。

三 学习拓展

❶ 动臂抗漂移阀(又称防沉降阀)

1)动臂抗漂移阀功能

动臂抗漂移阀位于主控阀与动臂油缸之间的动臂油路之中(具体位置参看图8-10)。当动臂操纵杆处于空挡位置时,抗漂移阀阻挡动臂油缸大腔中的液压油通过主控换向阀的间隙泄漏,防止动臂自动沉降。

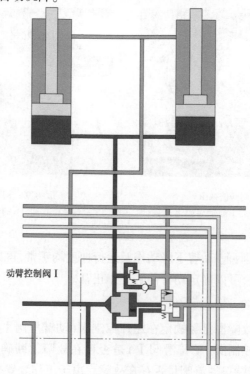

动臂控制阀Ⅰ

动臂控制阀Ⅱ

图8-10　CAT320C 动臂抗漂移阀在油路中位置

2)工作原理

动臂抗漂移阀就相当于一个液控止回阀组,详见图8-11 CAT320C 动臂抗漂移阀原理图。在动臂提升过程中,来自动臂控制阀Ⅰ和动臂控制阀Ⅱ的压力油将止回阀推开,油液经过抗漂移阀后进入油缸大腔,推动活塞上行。动臂油缸小腔中的油液经控制阀Ⅱ回油箱。

在动臂下降过程中,来自动臂下降先导阀的压力油推动二位三通换向阀换位,此时液控止回阀弹簧腔油液与回油通道接通,来自油缸大腔的油液经漂移阀后通过控制阀Ⅱ回油箱。

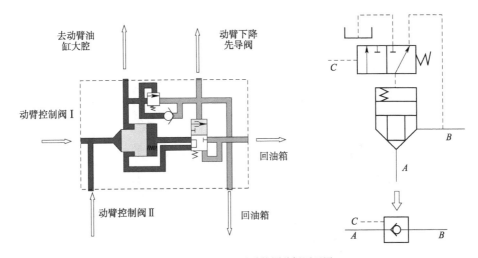

图 8-11　CAT320C 动臂抗漂移阀原理图

在动臂操纵阀处于中位(空挡)时,动臂油缸大腔的油液被封闭在油缸大腔和抗漂移阀中间的管路中,即使换向阀存在泄漏,动臂也不会出现下沉现象。零件结构剖视图如图8-12 所示。

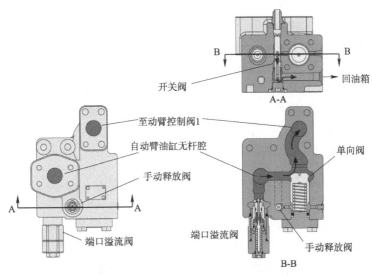

图 8-12　CAT320C 动臂抗漂移阀结构剖视图

② 动臂再生阀

1）动臂再生阀功能

动臂再生阀就是利用动臂下降过程中,当外负荷较小时,由于动臂自重的原因使得动臂油缸小腔压力低于大腔压力,将动臂大腔部分回油引进动臂油缸小腔,防止动臂快速下降过程中油缸小腔的吸空现象,避免元件损坏。而当动臂下降过程中小腔油液压力大于大腔油液压力时,本功能自动关闭。动臂再生阀的液压原理和在系统中的位置如图8-13所示。

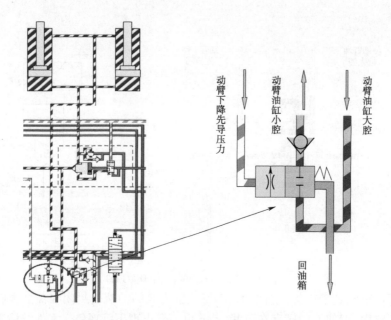

图8-13　CAT320C动臂下降再生阀原理图

2）动臂再生阀结构及工作原理

当操作动臂下降时,来自动臂下降先导阀的先导压力油克服弹簧压力推动换向阀柱向下运行,将来自动臂油缸大腔的油路与止回阀头部接通。此时,当动臂下降过程中外负荷较大时,动臂油缸小腔中的油压高于大腔中的油压,止回阀关闭,再生阀不起作用。当动臂下降过程中外负荷较小时,动臂油缸小腔中的油压低于大腔中的油压,止回阀被打开,油缸大腔的油液流向油缸大腔的小腔,防止动臂快速下降过程在油缸吸空。如果换向阀杆在工作位置卡死了,则在操作动臂提升的时候,会出现提升缓慢、无力现象。动臂下降再生控制阀结构如图8-14所示。

③ 工作装置端口溢流阀

1）安装位置

工作装置端口溢流阀在主控阀上的安装位置详见图8-8和图8-9。

2）端口溢流阀的作用

（1）补油功能。当回路油液压力小于回油油路上的油液压力时,回油通道内的油液向工作油路反向补充。

（2）过载保护功能。当工作回路油液压力大于过载溢流阀设定压力时,溢流阀打开泄压,保护系统元件不被高压损坏。

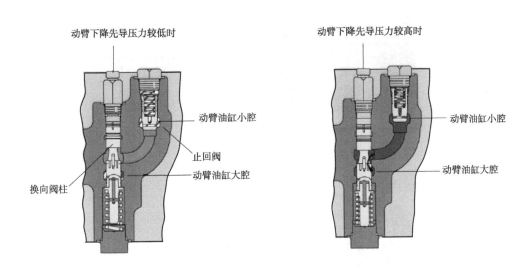

图 8-14 CAT320C 动臂下降再生阀结构剖视图

3）端口溢流阀的结构与工作原理

端口溢流阀的结构如图 8-15 所示,当工作压力小于溢流阀设定压力时,先导锥阀及主阀芯均关闭,溢流阀处于关闭状态,如图 8-16 所示。

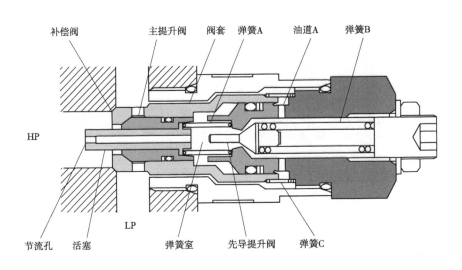

图 8-15 端口溢流阀结构图

当工作压力大于溢流阀设定压力时,先导锥阀阀芯先打开,主阀芯随后也打开,工作油道内的油液流回回油 T 通道,溢流阀处于开启状态,如图 8-17 所示。

当工作压力小于回油 T 通道压力时,补偿阀芯克服弹簧 C 的压力向右移动,回油 T 通道内的油液反向流回工作油道,溢流阀处于补油状态,如图 8-18 所示。

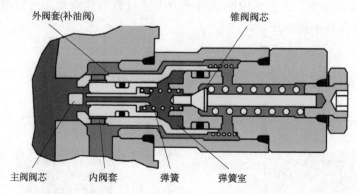

图 8-16　端口溢流阀结构图(关闭状态)

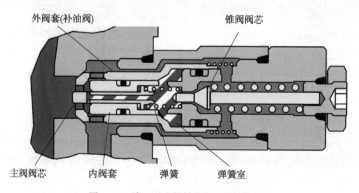

图 8-17　端口溢流阀结构图(开启状态)

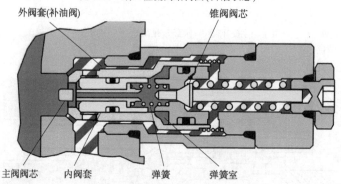

图 8-18　端口溢流阀结构图(补油状态)

四　评价与反馈

❶ 自我评价

(1)用自己的话叙述动臂抗漂移阀的作用:

(2)写出 CAT320C 动臂提升过程主工作油路进油路线和回油路线。
进油路线:

回油路线：_____

_____。

（3）端口溢流阀作用是_____和_____。

（4）端口溢流阀有_____根弹簧，先导式溢流阀的先导阀弹簧比主阀弹簧_____（硬、软），为什么_____?

（5）影响CAT320C挖掘机动臂提升速度快慢的液压元件有哪些，为什么？

_____

_____

_____。

签名：_____　　_____年____月____日

❷ **小组评价**（表8-4）

小 组 评 价 表　　　　　　　　　表8-4

序号	评 价 项 目	评 价 情 况
1	着装是否符合要求	
2	是否能合理规范地使用仪器和设备	
3	是否按照安全和规范的流程操作	
4	是否遵守学习、实训场地的规章制度	
5	是否能保持学习、实训场地整洁	
6	团结协作情况	
7	其他	

参与评价的同学签名：_____　　_____年____月____日

❸ **教师评价**

_____

_____。

教师签名：_____　　_____年____月____日

五　**技能考核标准**

根据学生完成实训任务的情况对学习效果进行评价。技能考核标准见表8-5。

技能考核标准表　　　　　　　　　表8-5

序号	项目	操作内容	规定分	评分标准	得分
1	溢流压力调整与测定	测定条件、测定方法、标准值确定	30	条件、方法正确，会查阅标准值	

续上表

序号	项　目	操 作 内 容	规 定 分 值	评 分 标 准	得　　分
2	液压系统图阅读	讲述操作动臂提升、下降时主工作油路、控制油路油液流动路线和流动方向	30	流动路线和流动方向正确	
3	对照系统图分析故障	参与动臂提升、下降的液压元件明细、故障诊断方法、诊断难易程度判断	40	明细齐全,思路清晰	
	总　　分		100		

学习任务9 液压系统动力元件故障诊断与排除

——某品牌液压挖掘机"行走跑偏、有时憋车"故障诊断与排除

知识目标

1. 掌握挖掘机行走性能检测方法;
2. 掌握恒功率液压泵变量控制工作原理。

技能目标

1. 掌握挖掘机行走性能检测技能;
2. 掌握液压系统复杂故障分析诊断方法。

建议课时

12课时。

任务描述

一台日立 ZX200-3 型的液压挖掘机出现了这样的故障现象:"行走时向左侧跑偏,单独操作铲斗和右行走动作时发动机憋车现象严重;操作斗杆和动臂提升动作时憋车现象明显好转,单独操作回转动作时正常。"该公司服务人员××已经完成了本台设备的故障分析、诊断与排除工作。××先生虽然已经圆满地完成了这次维修任务。那么要学习并理解××的这次故障分析诊断和排除过程,我们应该具备哪些必要的理论知识? 通过基

本理论知识的学习准备,我们能否做得更好呢? 如果这个挖掘机的故障排除任务交给我们来完成,我们该怎么做呢?

一 理论知识准备

××先生就该故障现象的分析、检查、维修过程详细地记录在维修服务报告中,见表9-1。

××公司维修服务记录单

表9-1

设备型号	设备编号	工作小时	区域	维修者	客户单位名称
ZX200－3	×××	2550h	山东	××	×××

故障现象	客户投诉故障现象: 行走时向左侧跑偏,单独操作铲斗和右行走动作时发动机憋车现象严重;操作斗杆和动臂提升动作时憋车现象明显好转,单独操作回转动作时正常	
	实际故障现象: 行走时向左侧跑偏,单独操作铲斗和右行走动作时发动机憋车现象严重;操作斗杆和动臂提升动作时憋车现象明显好转,单独操作回转动作时正常	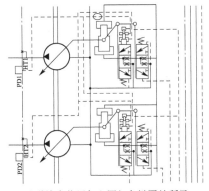
	分析引起故障的原因: (1)主控制阀故障; (2)液压泵变量调节器故障; (3)发动机故障	油道堵塞位置如上图红色椭圆处所示

检修步骤:
(1)用PALM检查,泵控制压力和输油压力均正常;
(2)检查铲斗阀杆无异常;
(3)将回转阀柱控制油管与铲斗阀柱控制油管对调,回转动作正常,铲斗动作憋车,判断信号控制阀及相关先导部件正常;
(4)将泵1和泵2的调节器相互对调,故障现象没有改变;
(5)将液压泵分解检查,在泵端盖内的泵1输油压力至泵1调节器油口有异物造成堵塞

结论与原因分析:泵端盖内的泵1输油压力油口堵塞,使泵调节器在外界负载发生变化时,不能进行正常的 $P\text{-}Q$ 曲线调整(不变量),使得泵1的实际输出功率增加,大于发动机的设定功率,因而造成憋车

服务人员签名:_____

客户意见:

客户签名:_____

注:PALM人机交互通信掌上电脑。

❶ 履带运行速度的检测

1)准备工作

(1)将左右两侧履带的下垂度调整均衡。

(2)用粉笔在被测履带的一块履带板上做标记。

(3)将上部回转平台回转90°,将铲斗降低,以支起履带离地,将动臂-斗杆的角度保持在90°~110°,如图9-1所示。

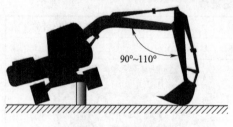

90°~110°

图9-1 履带顶起离地

(4)将液压油温保持在50℃±5℃。

注意:如图9-1所示用木块把抬起的履带牢固地支撑住!!!

2)概要

将履带顶起离地,测量履带转动3圈所需要的时间并检查行走系统(从主泵到行走马达)的功能。

3)测量过程

(1)选择下列开关位置分别进行高速和低速检测(表9-2)。

高速和低速检测   表9-2

行走模式开关	发动机控制表盘	动力模式开关	工作模式开关	自动空转/加速选择器
低速模式	快速空转	P 模式	挖掘模式	OFF
高速模式	快速空转	P 模式	挖掘模式	OFF

(2)将抬起的履带所对应的行走操纵杆操作到全行程。

(3)当履带转动速度稳定后,测量履带在两个方向旋转3圈所需的时间。

(4)把另一侧履带顶起,重复上述程序。

(5)将步骤2到4重复三次,并计算平均值。

4)带运行速度标准值(表9-3)

履带运行速度标准值(单位:s/3 圈)   表9-3

行走挡位	液压挖掘机标准	行走挡位	液压挖掘机标准
高速	17.2±1.0	低速	26.2±2.0

❷ 行走跑偏检测

1)准备工作

(1)将左右两侧履带的下垂度调整均衡。

(2)寻找一块平坦、坚实的场地,长度约30m,宽度大于10m。

(3)斗杆收回、铲斗卷入,保持铲斗离地面高度在0.3~0.5m。

(4)将液压油温保持在50℃±5℃。

2)概要

测量挖掘机在试验场地行走20m时检测跑偏量以检查行走系统(从主泵到马达)的功能,如图9-2所示。

3）测量过程

（1）测量快速/慢速模式行驶时的跑偏量。

（2）选择下列开关位置（表9-4）。

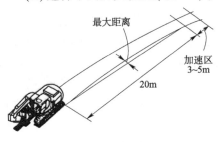

图9-2　检测跑偏量

开　关　位　置　　　表9-4

行走模式 开关	发动机控制 表盘	动力模式 开关	工作模式 开关	自动空转/加 速选择器
低速模式	高速	P 模式	挖掘模式	OFF
高速模式	高速	P 模式	挖掘模式	OFF

（3）在加速区将行走操纵杆推至全行程，开始行驶。

（4）测量机器行驶轨迹同20m 直线之间的最大距离（图9-2）。

（5）前进行走轨迹测量完毕，将上部回转平台回转180°，再测量后退情况。

（6）重复测量三次，计算平均值。

4）行走跑偏量标准值（表9-5）

行走跑偏量标准值（单位：mm/20m）　　　　表9-5

行 走 挡 位	液压挖掘机标准	行 走 挡 位	液压挖掘机标准
高速	<200	低速	<200

❸ 液压泵恒功率变量控制

液压泵恒功率变量控制的基本理念就是当泵的输出压力 P 达到起调点之后，泵的输出油液流量 Q 大小随着输出压力的升高而下降，随着输出压力的降低而增大，基本保持 $PQ = K$（常数），对于双泵总功率恒功率变量控制来讲，式中的 $P = (P_1 + P_2)/2$，$Q = Q_1 + Q_2$。液压泵恒功率变量调节所实现的功能就是保证液压系统工作过程中泵的实际输出功率不会超出发动机的输入功率，并能充分利用发动机功率。当负载降低时，泵的排量变大，运行速度加快；当负载增高时，泵的排量变小，运行速度变慢，使泵的输出功率基本追随发动机功率保持不变。图 9-3 所示为 ZX200-3 挖掘机液压泵恒功率变量 P-Q 曲线图。

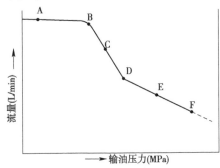

曲线点	压力 （MPa）	流量 （L/min）
A	3.9	194±3
B	13.9	（192）
C	16.7	136±6
D	20.5	（123）
E	26.9	99±6
F	34.3	72±6

图9-3　ZX200-3 挖掘机液压泵 P-Q 曲线图

此功能通过泵的由泵的变量调节机构完成,液压泵压力与流量的匹配关系需要在专用的液压泵综合性能试验台上进行调试检测。

❹ 挖掘机液压泵控制压力与中位旁通流量控制

当发动机处于运转状态而操作手柄处于中位时,主控阀中换向阀的阀杆也处在中间位置,这时液压泵输出的油液通过主控阀直接回到油箱,为了降低燃油消耗,希望在这个时候液压泵的流量尽可能地小,通过泵控压力来控制。当换向阀处于中位空载状态下液压泵流量的方式,称为液压系统的中位旁通流量控制。中位流量控制模式目前常用的有中位负流量控制、中位正流量控制、负荷传感控制,ZX200-3 采用的是中位正流量控制方式。图 9-4 所示为 XX200-3 液压挖掘机泵控压力与泵的流量关系特性曲线,图中各个点的数据见附表。目前在挖掘机行业采用正流量控制模式的基本上只有日立 ZX 系列挖掘机。

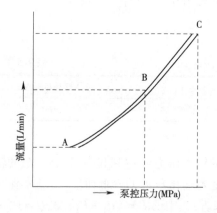

曲线点	泵控压力 (MPa)	流量 (L/min)
A	1.7 ± 0.05	67 ± 2
B	2.0	(92)
C	2.9 ± 0.05	194 ± 3

图 9-4　泵控压力与流量特性曲线图

CAT 系列以及采用川崎 K3V 系列液压泵挖掘机液压系统采用的都是负流量控制模式,PC 系列则是采用负荷敏感控制方式。中位正、负流量控制输入信号与输出信号关系如图 9-5 所示,正、负流量输入信号的采集点不同,如图 9-6 所示。

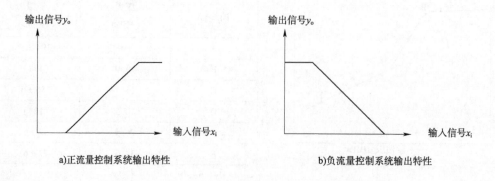

a)正流量控制系统输出特性　　　　　　　　b)负流量控制系统输出特性

图 9-5　正、负流量控制系统输入、输出信号特性对比

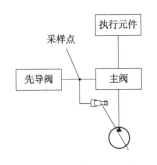

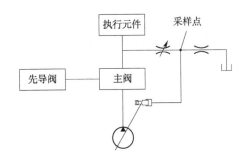

a)正流量控制系统的采样点　　　　　　　b)负流量控制系统的采样点

图9-6　正、负流量控制系统反馈信号采样位置对比

二　任务实施

1 故障现象确认

向挖掘机驾驶人详细了解故障现象以及故障发生的详细过程(突然出现、逐渐加重、有没有检修维护活动等),通过操作、检查设备确认实际故障现象是否与客户所投诉的故障现象一致,并与客户进行交流确认:

(1)检查动臂提升、下降过程发动机转速变化情况。

(2)检查斗杆回收、伸出过程发动机转速变化情况。

(3)检查铲斗挖掘、卸载过程发动机转速变化情况。

(4)检查左、右回转过程发动机转速变化情况。

(5)检查左侧履带前进、后退过程发动机转速变化情况。

(6)检查右侧履带前进、后退过程发动机转速变化情况。

(7)检查前进、后退行走跑偏情况。

本次检查主要目的是查验、确认客户所投诉的故障现象与实际情况是否相符,当确认实际故障现象与客户所投诉的"行走时向左侧跑偏,单独操作铲斗和右行走动作时发动机憋车现象严重;操作斗杆和动臂提升动作时憋车现象明显好转,单独操作回转动作时正常"相同或者不同时,都要与客户进行确认。

2 阅读ZX200-3挖掘机液压系统工作原理图、分析故障原因

1)液压系统简单分析

由图9-7 ZX200-3液压挖掘机液压系统原理简图可知:

(1)主泵1输出的油液通过右侧四组方向控制阀供给右侧行走马达、铲斗油缸、动臂油缸和斗杆油缸,完成工作循环后回油箱。

(2)主泵2输出的油液通过左侧五组方向控制阀供给左侧行走马达、备用装置油缸、动臂油缸、斗杆油缸和回转马达,完成工作循环后回油箱。

(3)动臂油缸和斗杆油缸单独工作时泵1和泵2同时向其提供压力油。

(4)泵1和泵2共用一个系统主溢流阀。

(5)主泵恒功率变量控制特性:恒功率变量泵所实现的功能就是保证系统工作时的

功率不会超过发动机的功率,当外负载降低时,泵的输出压力降低,流量变大,当负载增高时,泵的输出压力升高,流量变小,使泵的输出功率基本保持不变。

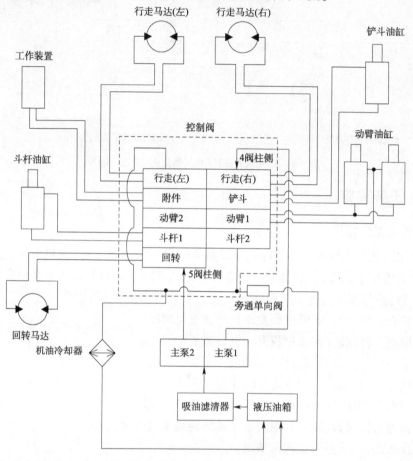

图 9-7　ZX200-3 液压挖掘机液压系统原理简图

2)故障原因分析

故障现象为:行走时向左侧跑偏,单独操作铲斗和右行走动作时发动机憋车现象严重;操作斗杆和动臂提升动作时憋车现象明显好转,单独操作回转动作时运行速度和发动机运转正常。

主泵 1 独立工作时柴油机憋车严重,主泵 2 独立工作时柴油机工作正常,主泵 1 与主泵 2 同时工作时有憋车现象但是不太严重,据此可以确定柴油机应该没有问题,主泵 1 出问题的可能性较大。主泵 1 输出功率大于正常状态下的输出功率,也就是说,主泵 1 出现了压力上升流量不能按照恒功率曲线下降。这个问题在液压泵综合性能试验台上很容易检测出来,在挖掘机上该如何进行检测验证呢?通过检测右侧履带的运行速度以及铲斗挖掘、卸载运行速度并与标准值进行比较,如果大于标准值则可确定主泵 1 变量控制部分出现故障,此时我们建议更换主泵或到专业维修公司进行维修即可。

❸ 故障诊断与排除

(1)检测右侧履带的运行速度并与标准值进行比较。

（2）检测铲斗挖掘、卸载运行速度并与标准值进行比较。

（3）建议拆检测试主泵或更换主泵。

由于泵的流量、压力参数调校需要有专业人士在专用设备上才能完成，在问题没有确诊之前不建议现场调校调节器上的相关调节部分。我们将泵 1 和泵 2 的调节器进行互换，结果故障现象依旧，说明泵 1 的调节器没有问题。此时，我们只能将泵进行解体检查，检查发现"在泵端盖内的泵 1 输油口至泵 1 调节器油口有异物造成堵塞"。将泵的油道清洗干净并保持通畅后，安装试车，机器运行一切正常。

④ 试车确认

进行试车确认故障已经排除，按照规范检测并记录，检查铲斗等工作装置满负荷挖掘作业时发动机转速变化情况，检查右侧行走时发动机转速变化情况以及检查监测挖掘机跑偏情况。

⑤ 交付客户验收并填写维修服务报告

（1）维修服务报告必须逐项、规范填写，字迹清楚工整。

（2）内容要真实、简要。

（3）附图应该清楚并与故障处理有关联。

（4）必须有客户的签字确认。

三 学习拓展

① ZX200-3 挖掘机用液压泵型号及最大流量设定

ZX200-3 挖掘机所用液压泵型号为 HPV102GW-RH23A，该泵属于斜轴式双联变量柱塞泵，在发动机转速为 2100r/min，其设定的最大流量（理论流量）为 198.9 L/min × 2 。

② HPV102GW-RH23A 泵的流量调节控制

1）用泵的控制压力进行正比例控制

当操纵杆操作时，信号控制阀内的泵流量控制阀根据操纵杆的行程调节泵控制压力 P_i。然后，当调节器收到泵控制压力 P_i 时，调节器依照泵控制压力 P_i 的大小（设定的区间内）比例调整泵的流量。当操纵杆操作时，泵控制压力 P_i 增加，因此，调节器增加泵流量。当操纵杆返回空挡时，泵控制压力 P_i 减少，调节器减少泵流量。泵流量 Q 与泵控制压力的关系如图 9-8 所示。

2）由自泵和它泵的输油压力控制

调节器收到自身的泵输油压力 P_{d1} 和它泵的输油压力 P_{d2} 作为控制信号压力。如果两个平均压力的增加超过设定的 P-Q 曲线，调节器根据超过 P-Q 曲线的压力减少泵的流量以使泵的总输出回到设定的 P-Q 曲线；当两个平均压力低于设定的 P-Q 曲线，调节器将增加泵的流量以使泵的总输出回到设定的 P-Q 曲线。不但可以保护发动机避免过载，而且可以充分利用发动机输出的功率。

P-Q 曲线是根据两台泵同时作业来制定的，因此，两个泵的流量也调整得差不多相等。尽管高压侧泵的负载比低压侧的大，但是泵的总输出与发动机的输出是一致的。（总输出控制）。泵流量 Q 与输出压力的关系如图 9-9 所示。

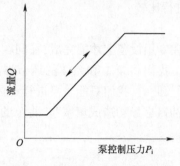

图 9-8　泵控制压力与泵的流量关系图　　图 9-9　泵流量 Q 与输出压力 P 的关系曲线图

3）转矩控制电磁阀输出的先导压力控制

主控制器（MC）根据发动机的目标转速输入数据和实际转速的信号来操作并向转矩控制电磁阀输出信号。根据 MC 的信号，转矩控制电磁阀将转矩控制先导压力 P_{ps} 传给调节器。先导压力 P_{ps} 升高，调节器就减少泵输出功率；先导压力 P_{ps} 降低，调节器就增加泵输出功率。泵流量 Q、输出压力 P 和 P_{ps} 压力关系如图 9-10 所示。

4）泵最大流量限制控制

当 MC 收到工作模式开关、压力传感器（备用）或附件模式开关的信号后，MC 向泵最大流量控制电磁阀（只有泵 2 侧）发出信号，泵最大流量控制电磁阀减少泵的控制压力 P_i，以限制泵的最大流量，以适应附件作业模式时（液压破碎锤或是液压剪）小流量需求。泵最大流量限制控制如图 9-11 所示。

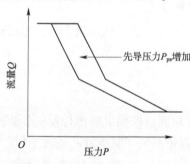

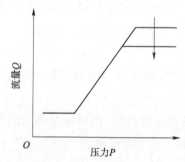

图 9-10　泵流量 Q、输出压力 P 和 P_{ps}　　　　图 9-11　泵最大流量限制控制
　　　　压力关系曲线图

❸ 泵输出功率的发动机速度传感控制

1）功能

根据发动机因负荷变化而产生的转速变化控制泵流量，更有效地利用发动机的输出（当机器在恶劣条件下运转，例如在高原作业时，防止发动机失速）。

2）操作

（1）发动机的目标作业速度通过发动机控制表盘控制。

（2）MC 计算 N 传感器监控的目标作业和实际作业的速度差。然后，MC 将信号发送到转矩控制电磁阀。

（3）转矩控制电磁阀根据收到的 MC 发出的信号将先导压力油供给泵调节器，控制泵流量。

（4）如果发动机的负荷增加且实际作业速度比目标作业速度慢，泵的斜盘角减小，泵流量将减少。因此，发动机的负荷减小，防止发动机失速。

（5）如果发动机的实际作业速度比目标作业速度快，泵斜盘角加大使泵流量增加，这样可以更有效地利用发动机的输出。更多内容可参阅图 9-12 和图 9-13。

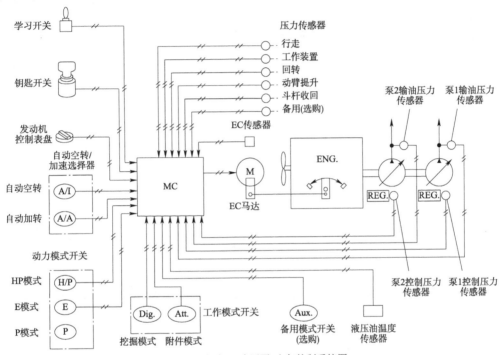

图 9-12 发动机、液压泵、电气控制系统图

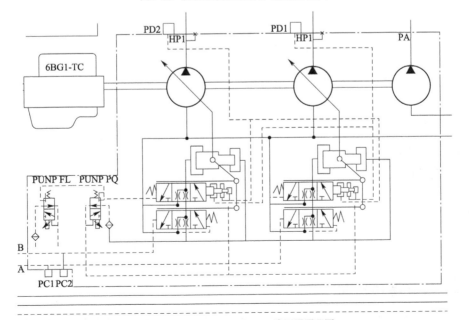

图 9-13 HPV102GW-RH23A 液压泵原理图

四 评价与反馈

❶ 自我评价

通过本学习任务的学习你是否已经能回答下面的问题：

(1) ZX200-3 挖掘机液压泵恒功率变量控制是指 _____

_____ 。

(2) 挖掘机液压系统中位旁通流量控制方式有哪几种？

_____ 。

(3) 简述 ZX200-3 P1 泵和 P2 泵。

_____

_____ 。

(4) 简述 ZX200-3 液压挖掘机行走跑偏检测条件及方法。

_____

_____

_____ 。

签名：_____ _____年____月____日

❷ 小组评价（表 9-6）

小 组 评 价 表　　　　　　　　　　　　　　表 9-6

序号	评 价 项 目	评 价 情 况
1	着装是否符合要求	
2	是否能合理规范地使用仪器和设备	
3	是否按照安全和规范的流程操作	
4	是否遵守学习、实训场地的规章制度	
5	是否能保持学习、实训场地整洁	
6	团结协作情况	
7	其他	

参与评价的同学签名：_____ _____年____月____日

❸ 教师评价

_____

_____

_____ 。

教师签名：_____ _____年____月____日

五 技能考核标准

根据学生完成实训任务的情况对学习效果进行评价。技能考核标准见表 9-7。

技能考核评价表 表9-7

序号	项目	操作内容	规定分	评分标准	得分
1	单侧空载行走速度测定	测定条件、测定方法、标准值确定	15	条件、方法正确,会查阅标准值	
2	铲斗空载收回速度测定	测定条件、测定方法、标准值确定	15	条件、方法正确,会查阅标准值	
3	液压系统图阅读	讲述不同工作状态下主工作油路、控制油路油液流动路线和流动方向	30	流动路线和流动方向正确	
4	对照系统图分析故障	参与各执行机构动作的液压元件明细、液压故障诊断方法、诊断难易程度判断	40	明细齐全,思路清晰	
	总　分		100		

学习任务 10　闭式液压系统故障诊断与排除

——"YZC10 型双钢轮振动压路机行走速度慢、无力"故障诊断与排除

 知识目标

了解闭式液压系统的组成与工作原理。

 技能目标

1. 学会闭式液压系统故障分析诊断方法;
2. 掌握闭式液压系统故障分析诊断步骤。

 建议课时

6课时。

 任务描述

浙江金华的×××老板2006年买某厂的一部 XG6101D 型双钢轮振动压路机,在使

用近3000h时,压路机出现了"行走前进和后退均无力"的现象。该厂工程师×××先生被派往现场。×××到现场后,向驾驶人了解了一些信息,对压路机进行了简单的操作试运行,迅速理清思路确立故障排查顺序,按照确立的排查顺序,×××先生很快就将故障排除了。

一 理论知识准备

×××先生的分析处理过程见表10-1。

××重工股份有限公司维修服务报告 表10-1

设备型号	设备编号	工作小时	区域	维修者	客户单位名称
XG6101D	×××	2980h	金华	×××	×××

故障现象	客户投诉故障现象: 行走前进、后退速度慢、无力
	实际故障现象: 行走前进、后退速度慢、无力

分析引起故障的原因: (1)旁通阀位置设定错误; (2)补油压力过低: ①补油溢流阀故障; ②补油泵磨损过度; ③行走驱动泵磨损过度; ④行走驱动马达磨损过度。 (3)前进、后退溢流阀故障	YZC10型双钢轮振动压路机行走液压系统图

检修步骤:

(1)检查旁通阀2,查看位置设定是否正确。

结果:位置设定正确,处于关闭状态。

(2)检测补油压力是否正常。

结果:在发动机转速为2000r/min时,补油压力只有1.2MPa,远小于系统设定要求的1.8MPa。

(3)调整补油溢流阀看是否能将压力调到正常值。

结果:在发动机转速为2000r/min时,将补油压力调整到1.8MPa。试车运行正常

结论与原因分析:

双向变量泵11的油液流向和流量大小的调节是由手动式伺服控制阀控制变量活塞实现的,补油压力过低,变量活塞行程达不到预期的行程位置,泵的流量变小、速度变慢、显的无力

服务人员签名:_____

客户意见:

客户签名:_____

❶ XG6101D 型振动压路机基本功能介绍

1）行驶控制

驱动液压系统由 1 个手动伺服双向变量柱塞泵和 2 个定量柱塞马达等组成的闭式回路,手动伺服双向变量柱塞泵通过分动箱与柴油机连接,2 个定量柱塞马达通过行星减速器分别驱动前、后振动轮行走,通过推动驱动泵上手动伺服阀的手柄,压路机可实现前进、后退操控,前进后退均可实现无级变速的功能。

2）双驱、双振控制

XG6101D 前、后 2 个振动轮均为驱动轮,保证压路机具有良好的驱动性能,有利于提高路面的质量,前、后轮都具备双频双幅振动(也可以前轮或后轮单独振动),提高了工作效率和压实质量。

3）驱动与制动互锁

G6101D 串联式振动压路机带有操作保护装置的压路机行走液压机构,可实现压路机的驱动和制动互锁保护,其工作原理如下。

驱动泵上带有电控的制动阀,制动阀安装在补油泵和手动伺服阀的油路之间,当制动阀线圈得电时,补油泵通过制动阀向手动伺服阀和制动器油腔供油,液压推力克服制动器的弹簧作用力将制动器松开,通过操纵手动伺服阀手柄,压路机实现前进或倒退行驶;当制动阀线圈失电时,切断了对手动伺服阀和制动器油腔的供油,制动器在弹簧力的作用下起制动作用,此时由于手动伺服阀的供油也被切断,即使推动手动伺服阀手柄,驱动泵的斜盘倾角也不会改变,驱动泵的排量依然为 0,从而避免了压路机在制动状态下因误操纵手动伺服阀手柄而造成的驱动液压系统高压溢流,使液压系统油温升高甚至损坏液压元件。

4）三级制动、制动安全可靠

驱动液压系统为闭式回路,当驱动泵上的手动伺服阀手柄回到中位时,驱动泵的斜盘回中,驱动泵的排量为 0,驱动液压系统中位自锁停车,压路机实现行车制动。

驱动前后轮行走的 2 个行星减速器均带有多片式制动器,当柴油机熄火或驱动泵上的制动阀线圈失电时,制动器油腔断油,起制动作用,压路机实现可靠的停车制动。

当驱动液压系统中因压力油管或其他元件损坏造成行车制动失灵并出现紧急情况时,可以采取紧急制动措施,即按下紧急制动开关,驱动泵上的制动阀线圈失电,使制动器油腔断油,制动器起制动作用,压路机实现紧急制动;同时手动伺服阀也因断油使驱动泵的斜盘回中,驱动泵的排量降至 0,有效地保护了人机的安全。

5）短距离拖动

XG6101D 主要应用于对沥青路面的压实,当压路机出现故障时,应能及时地拖离施工现场,以免影响施工作业, XG6101D 串联式振动压路机的驱动液压系统由于采用了手动供油拖引液压机构,能很方便地实现这一功能。

当压路机出现故障(如柴油机无法起动等)无法自行行走时,可以通过操纵安装在驱动液压系统高低压油腔之间的球阀,使驱动液压系统的高低压油腔相通,再通过操纵手动泵向制动器油腔供油,使制动器处于松开状态,利用施工现场现有的其他行走机械牵引,可实现短距离拖动,将出现故障的压路机拖离施工现场。

6)前、后振动轮振动、洒水可实现自动或手动控制

XG6101D 可以根据工作需要将振动和洒水设置在自动或手动控制状态,根据预先设定的速度,当压路机的行驶速度达到设定值时,自动振动和自动洒水;当压路机的行驶速度降到设定值时振动和洒水可自动停止。

7)主要性能参数

主要性能参数见表10-2。

主要性能参数 表10-2

行驶速度(km/h)	0~9.3	爬坡能力(%)	27
振动频率(Hz)	47	振幅(高/低)(mm)	0.83/0.4
静线压力(前/后轮)(N/cm)	295	激振力(kN)	123/60
标定功率(kW)	92	标定转速(r/min)	2400

❷ 压路机行走驱动液压系统工作原理

图 10-1 所示为 XG6101D 型双钢轮振动压路机的行走驱动液压系统简图。发动机通过分动箱将动力传递给行走驱动液压泵 11(双向变量泵)及其补油泵 10(定量泵)。行走驱动泵总成 5 有一套伺服控制系统对双向变量泵进行排量和方向控制以实现压路机不同速度的前进和后退。伺服控制系统的油液来自补油泵 10。补油溢流阀 9 的设定压力为 1.8MPa,冲洗溢流阀 17 的设定压力为 1.6MPa,行走驱动主系统的最高压力由溢流阀 14 和 15 设定,其设定压力为 40MPa。当操作行走前进或后退时,冲洗阀 16 阀芯被高压回路端压力推动使其换向,使低压端回路和冲洗溢流阀 17 接通,由于冲洗溢流阀 17 的设定压力低于补油溢流阀 9 的设定压力,补油泵输出的新的油液将低压回路中的热油通过冲洗溢流阀源源不断地置换出来,流回液压油箱,从而起到散热和过滤清洗的作用。当负载过大,工作压力大于溢流阀 14 或 15 的设定压力时,系统溢流起到过载保护作用。当发动机或主要部件损坏不能正常工作,需要把设备拖离现场时,此时操作手动式旁通阀 2 使驱动马达 3 和 13 的进出油口接通,防止拖行时造成泵和马达的损坏。当给制动电磁阀 14 通电时,并经外接手动泵进行行走制动解除。

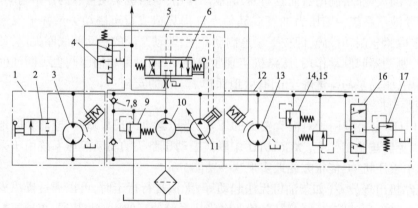

图 10-1 XG6101D 型双钢轮振动压路机行走驱动液压系统图

1-后驱动马达总成;2-旁通阀;3-后驱动马达;4-制动电磁阀;5-驱动泵总成;6-伺服控制阀;7、8-补油止回阀;9-补油溢流阀;10-补油泵;11-液压泵;12-前驱动马达总成;13-前驱动马达;14、15-溢流阀;16-冲洗阀;17-冲洗溢流阀

二 任务实施

① 故障现象确认

向压路机驾驶人详细了解故障现象以及故障发生的详细过程(突然出现、逐渐加重、有没有检修维护活动等),通过操作、检查设备确认实际故障现象是否与客户所投诉的故障现象一致,并与客户进行交流确认。

检查压路机前进、后退运行情况及运行速度。

本次检查主要目的是查验、确认客户所投诉的故障现象与实际情况是否相符。无论故障现象与客户投诉的"行走前进、后退速度慢、无力"相同与否,都要与客户进行沟通确认。

② 阅读压路机液压系统工作原理图、分析故障原因

1)旁通阀2位置设定不正确

设备正常工作时旁通阀2的位置应该设定在完全关闭的状态位置右位,如果旁通阀2的设定位置不正确,则旁通阀处于半开或全开状态,此时行走闭式系统的高压回路和低压回路处于联通状态,因此行走前进、后退速度慢、无力。由于旁通阀2使用频率很低,过度磨损的可能性是不存在的,所以不用考虑其在关闭位置仍然关闭不严的情况。操作便利易于诊断,排在首位。

2)补油压力过低

闭式液压系统补油压力过低的原因很多,除补油泵内部磨损、补油溢流阀过度磨损外,液压泵和液压马达的内部磨损也会导致补油压力偏低。补油压力可以用测压表直接测量,易于操作,难点在于判断压力过低的故障源。主液压泵和液压马达拆装较为麻烦,调整补油溢流阀的设定压力易于操作。如果通过调整补油溢流阀的压力设定螺栓时,补油压力没有什么变化,则必须将调整螺栓调回原位并锁紧。待确定补油溢流阀正常后再来诊断问题是否由补油泵引起,此时必须将补油泵解体检查。行走液压泵和液压马达是否存在内漏问题一样通过检测泵及马达的泄漏油量可以得到确认。

3)前进、后退溢流阀(图中序号14、15)

溢流阀是否有故障诊断起来相对简单些,可以采用互换法来进行诊断。由于行走的前进和后退速度都很慢而且无力,两个溢流阀同时发生故障的可能性也不大,一般可以采取检测前进和后退时的压力基本可以确定溢流阀没有问题。

根据任务分析情况列出故障树如图10-2所示:旁通阀故障和补油压力偏低都会同时引起行走前进、后退速度慢和无力现象;而端口2溢流阀故障只会引起前进或后退速度慢、无力的故障现象。因此在进行故障排查的时候将优先确定旁通阀是否有故障,然后再确认补油压力是否偏低。当已经确认旁通阀没有故障补油压力也正常的时候,就必须考虑前进、后退端口溢流阀同时发生故障的可能性了。

③ 故障诊断排除

1)检查旁通阀2位置设定是否正确

检查旁通阀2是否处于完全关闭状态,如果处于未完全关闭位置,则把它设置到完全关闭位置后再试车确认故障现象是否消失。

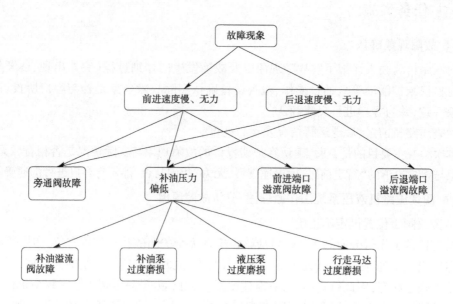

图 10-2　振动压路机行走前进、后退速度慢无力故障分析树

2）检测补油压力是否过低

将一个量程 0～6MPa 的压力计连接到图 10-3 所示的"驱动泵补油"测压接头上，起动发动机并将转速调到 1800～2400r/min，油箱油液温度应在 50℃左右为佳，行走挡位处于中位，看看测压计的读数是多少。行走驱动泵补油压力应该不低于 2.2MPa（图 10-4 XG6101D 型双钢轮振动压路机整机液压系统图中标注）。如果压力低于 2.2MPa，则要进行补油压力调整，补油溢流阀压力调整方法如下：松开图 10-5 中锁紧螺母 K10，调节调节螺栓 K90，顺时针旋转调节螺栓将增加补油压力设定，逆时针旋转将降低设定的补油压力（大致调整规律：0.4MPa/r，补油溢流阀压力值调整合适后，重新拧紧锁紧螺母 K10。如果调整调节螺栓 K90 补油压力没有变化，则必须将调节螺栓 K90 恢复至原来位置并拧紧锁紧螺母 K10，再检查补油溢流阀、补油泵、行走驱动泵或行走马达是否内泄漏严重，进行故障诊断确认，待确认故障元件后通过元件修复或更换进行系统故障排除。

图 10-3　XG6101D 型双钢轮振动压路机测压口

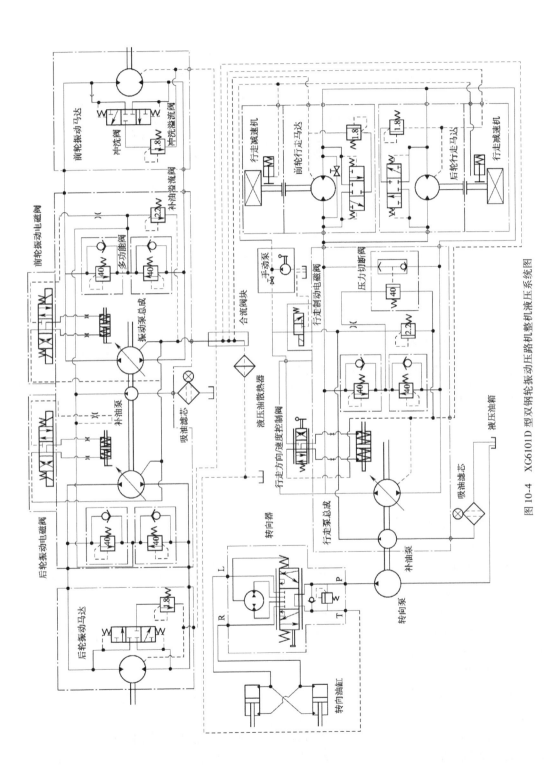

图 10-4　XG6101D 型双钢轮振动压路机整机液压系统图

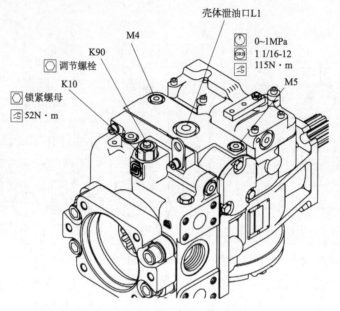

图 10-5 XG6101D 型压路机行走驱动泵

④ 试车确认

进行试车确认故障已经排除,按照规范检测并记录压路机行走速度及爬坡能力。

⑤ 交付客户验收并填写维修服务报告

(1)维修服务报告必须逐项、规范填写,字迹清楚工整。

(2)内容要真实、简要。

(3)附图应该清楚并与故障处理有关联。

(4)必须有客户的签字确认。

三 学习拓展

① 双向变量液压泵结构及工作原理

闭式液压系统驱动的工程机械主要有压路机、摊铺机、铣刨机和混凝土泵车等。闭式液压系统所用液压泵主要来源于德国博世力士乐公司、美德合资的萨奥公司以及德国的林德液压公司。图 10-6 所示为萨奥 90 系列柱塞泵结构图,其对应的液压原理如图 10-7 所示。该泵结构较为复杂,除了具有泵的基本功能以外,还附有补油泵及补油系统溢流阀,配有两个多功能阀和变量控制系统等。液压泵主体属于斜盘式轴向柱塞泵,通过改变柱塞泵斜盘摆角的方向可以改变泵的油液流动方向;通过改变柱塞泵斜盘摆角的大小,可以改变泵输出油液流量的多少。

补油泵、补油溢流阀与多功能阀与补油止回阀一道,能够使闭式回路充满油液并保持一定的压力,从而保证闭式回路的正常工作。

多功能阀除了具备补油阀的功能以外尚有安全保护功能,当工作回路压力过高时,多功能阀可以起到卸载保护的功能;当设备出现故障需要拖曳出作业现场时,可以通过改变多功能阀内的截止阀的状态使液压泵/马达的 A、B 油口直接相通,顺利实现拖曳作业。

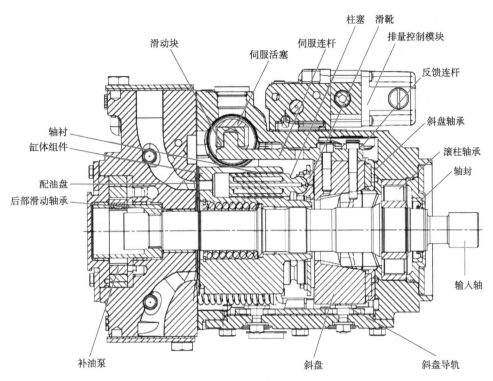

图 10-6　萨奥 90 系列柱塞泵结构图

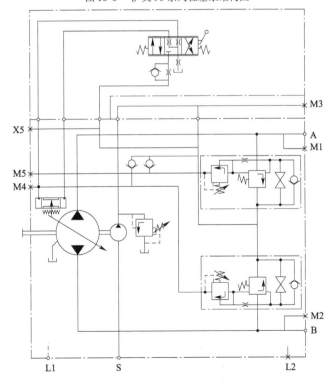

图 10-7　萨奥 90 系列柱塞泵液压原理图

❷ **补油压力溢流阀拆卸与组装**(图 10-8)

1)拆卸

(1)用 1in 的外六角扳手卸下垫片调整式补油溢流阀堵头。

注意:对于螺纹可调节式补油溢流阀,拆下溢流阀堵头前需标记堵头(K10)、锁定螺母(K90)与壳体之间的大致位置。以便重新组装时保持原补油阀设定压力。松开锁定螺母后方可拆下螺纹可调节式补油溢流阀。

(2)拆解弹簧(K70)及溢流阀阀芯(K80)。

(3)检查阀芯(K80)及后端盖上的阀座孔是否有损坏或存在外部物质。

2)组装

安装阀芯(K80)及弹簧(K70)。对于螺纹调节式溢流阀,安装堵头及锁定螺母,对齐拆卸时做出的标记。锁定螺母安装力矩:52 N·m。检查补油溢流阀压力并调整。

❸ **补油泵拆卸与组装**(图 10-9)

1)拆卸

(1)拆下补油泵盖板压盘(H70)的六个安装螺栓(H80)。

(2)拆下补油泵盖板压盘(H70)及补油泵盖板(J15)。拆下并丢弃 O 形圈(J50)。注意补油泵组件(H05)定位销的位置。

(3)拆卸补油泵联轴器(H50)及补油泵驱动键(H60)。

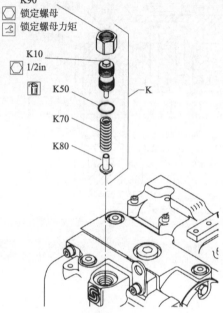

图 10-8 萨奥 90 系列柱塞泵补油溢流阀
K10-堵头;K50-O 形圈;K70-弹簧;K80-溢流阀阀芯;K90-锁定螺母

(4)拆卸补油泵组件(H05)。

(5)拆卸定位销(H40)。

(6)拆卸内部配油盘(H31)。

(7)检查所有零件是否存在异常磨损或损坏,如有必要,更换。

2)组装

注意:确保补油泵定位销安装正确,如果不确定补油泵安装旋向,参照泵型号代码并参看图 10-10 定位销的位置。补油泵外部定子偏心环及定位销在后端盖上的安装位置,决定了补油泵旋向。不要将不同时期生产的补油泵零件混合使用。补油泵以整体组件的形式安装。

安装内部配油盘(H31)及摆线转子组件以正确固定配油盘及外部偏心环方位(图 10-10)。

(1)安装前,润滑摆线转子组件内圆、外圆及侧面。

(2)安装摆线转子组件(H05)。

(3)在补油泵驱动键(H60)上涂润滑脂,并安装在补油泵联轴器(H50)上。

（4）安装补油泵联轴器,联轴器内部花键需与主轴啮合。

（5）小心将定位销从补油泵上拆下,抹油脂后将其安装到补油泵盖板(J15)安装孔内。（正确安装方位见图10-9）。安装盖板(带定位销)于后端盖,并通过定位销将补油泵偏心定子定位。（小心处理,不要损坏盖板 O 形圈）。

（6）安装补油泵盖板压板(H70)及六个内六角螺栓（H80）,螺栓（H80）的拧紧力矩为 16N·m。

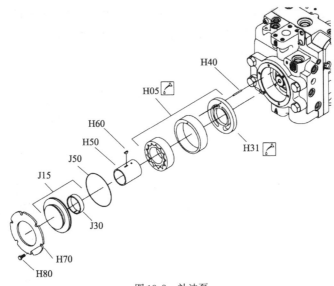

图 10-9　补油泵

H05-补油泵细件;H31-内部配油盘;H40-定位销;H50-补油泵联轴器;H60-补油泵驱动键;H70-补油泵盖板压盘;H80-螺栓;J15-补油泵盖板;J30-轴套;J50-O 形圈

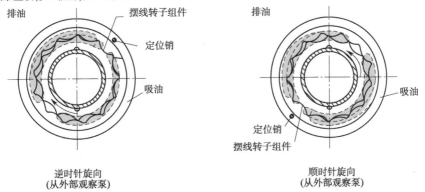

图 10-10　补油泵旋向与定位销位置关系

4 多功能阀功能、拆卸与组装

1）功能

多功能阀功能是一个插装式组合阀,它是先导式溢流阀（过载保护）、止回阀（补油）和旁通阀（需要时接通高低压）的组合体,其工作原理如图10-11所示。

2）拆卸

（1）用1-1/4 in 的外六角扳手拆下多功能阀（图10-12 中的 P2A1 及 P2B1）。

（2）拆下并丢弃 O 形圈 P13 及 P06。

（3）用 1-1/16in 扳手拆下如图 10-13 所示的旁通阀阀座 P03，以便卸掉弹簧压力。为了不改变多功能阀压力设定值，请不要将调节螺栓 P01 及锁定螺母 P04 从旁通阀阀座 P03 上拆下。

（4）拆下并丢弃 O 形圈 P02。

（5）阀座部分通过卡槽压入安装，将插装阀紧固于虎口钳并使用合适的工具将阀座 P12 撬下，采取必要措施以防止内部元件散落遗失，拆卸时不要损坏零件。

（6）拆卸内部组件（P07、P08、P17、P16、P15、P14、P09 及 P11）。

（7）清洗并检查所有拆卸的零件。

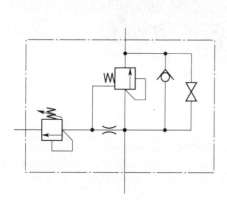

图 10-11　多功能阀原理图

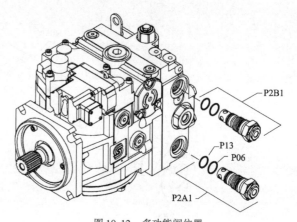

图 10-12　多功能阀位置

P2A1、P2B1-多功能阀；P06、P13-O 形圈

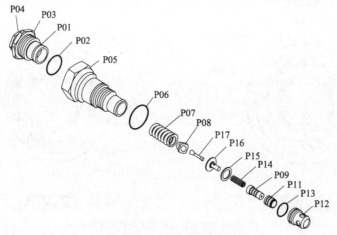

图 10-13　多功能阀分解图

P01-压力限制阀；P02-O 形圈；P03-旁通阀座；P04-调压螺杆；P05-阀体；P06-O 形圈；P07-弹簧；P08-弹簧座；P09-主阀芯；P11-单向阀芯；P12-阀座；P13-O 形圈；P14-弹簧；P15-挡圈；P16-弹簧座；P17-锥阀

3）组装

（1）润滑并安装零件（P07、P08、P17、P16、P15、P14、P09、P11 及 P12）。

（2）将插装阀置于虎钳上并将阀座 P12 压入。

（3）润滑及安装新 O 形圈（P02、P06、P13）。

（4）安装旁通阀阀座 P03 及一体式压力限制阀 P01，加力矩至 40 N·m。

（5）将多功能阀总成安装到泵上，拧紧力矩为 89N·m。

四　评价与反馈

1 自我评价

（1）将图 10-14 中标有序号的液压元件名称写在对应的括号内。

1-（　　　　）；2-（　　　　）；3-（　　　　）；4-（　　　　）；5-（　　　　）；

6-（　　　　）；7、8-（　　　　）；9-（　　　　）；10-（　　　　）；11-（　　　　）；

12-（　　　　）；13-（　　　　）；14、15-（　　　　）；16-（　　　　）；17-（　　　　）

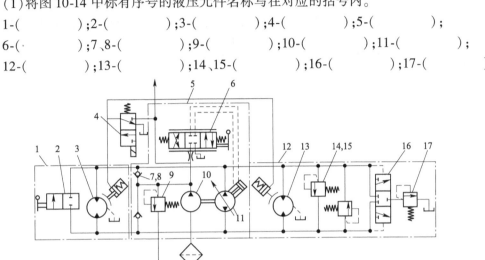

图 10-14　XG6101D 型双钢轮振动压路机行走驱动液压系统图

（2）假设某压路机行走驱动为闭式液压传动系统，其补油溢流阀设定压力为 2.2MPa，冲洗溢流阀设定压力为 1.8MPa，当发动机以额定转速旋转且行走处于空挡位置此时，检测液压泵 A 口的油压应该是_____，当行走处于前进挡时，图 10-3 中"驱动前进"测压接头处检测压力应是_____，图 10-3 中"驱动后退"测压接头处检测压力应是_____。

签名：_____　_____年____月____日

2 小组评价（表 10-3）

小 组 评 价 表　　　　　　　　　　　　　表 10-3

序号	评 价 项 目	评 价 情 况
1	着装是否符合要求	
2	是否能合理规范地使用仪器和设备	
3	是否按照安全和规范的流程操作	
4	是否遵守学习、实训场地的规章制度	
5	是否能保持学习、实训场地整洁	
6	团结协作情况	
7	其他	

参与评价的同学签名：_____　_____年____月____日

❸ 教师评价

教师签名：_____ _____年___月___日

五 技能考核标准

根据学生完成液压系统故障分析诊断学习效果进行评价。技能考核标准见表10-4。

技能考核标准表 表10-4

序号	项　　目	操 作 内 容	规定分	评 分 标 准	得分
1	闭式液压系统图阅读	讲述行走操控手柄中位、前进、后退位置时闭式系统中油路流动路线和流动方向	40	流动路线和流动方向正确	
2	对照系统图分析故障	分析压路机前行走无力故障原因,列出故障分析诊断步骤并按诊断难易程度排序	60	明细齐全,思路清晰	
	总　　分		100		

项目三　工程机械电气故障诊断与排除

 学习任务 11　电气回路搭建

知识目标

1. 掌握串联电路和并联回路的特点；
2. 掌握串联回路和并联回路的识图方法；
3. 掌握正确搭建串联回路的和并联回路方法。

技能目标

1. 能识别串联回路和并联回路；
2. 能搭建串联回路和并联回路。

建议课时

8 课时。

 任务描述

　　案例：根据图 11-1 和图 11-2 所示电路图，分别利用实物来搭建起该电路图，并使电气正常工作。

一　理论知识准备

❶ 导线颜色

　　随着工程机械用电设备的增加，安装在设备上的导线数目也越来越多，为了便于识别和检修工程机械电气设备，通常将导线束中的低压线采用不同的颜色组成. 根据我国《汽车拖拉机电线颜色选用规则》的规定,低压电路的导线(标称截面≤4mm²),在选配线时习惯采取两种选用原则,即以单色线为基础的选用和以双色线为基础的选用。

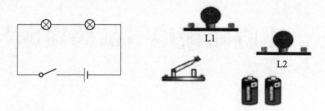

图 11-1　串联回路图

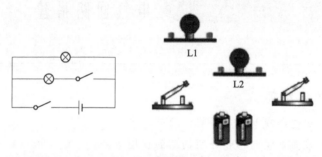

图 11-2　并联回路图

(1)以单色线为基础选用时,其单色线的颜色和双色线主、辅色的搭配及其代号分别见表 11-1 和表 11-2,其中黑色(B)为专用接地(搭铁)线。

(2)以双色线为基础选用时,各用电系统的电源线为单色,其余均为双色;其双色线的主色见表 11-3。当其标称截面积大于 $1.5mm^2$ 时,导线只用单色线,但电源系统可增加使用主色为红色、辅色为白色或黑色的两种双色线。对于标称截面积小于 $1.5mm^2$ 的双色线,其主、辅颜色的搭配可参见表 11-4。

单色低压线的颜色与代号　　　　　　　　　　　　表 11-1

序号	1	2	3	4	5	6	7	8	9	10
颜色	黑	白	红	绿	黄	棕	蓝	灰	紫	橙
代号	B	W	R	G	Y	Br	BL	Gr	V	O

双色低压线颜色的搭配与代号　　　　　　　　　　表 11-2

序号	1	2	3	4	5	6
	B	BW	BY			
	W	WR	WB	WBL	WY	WG
	R	RW	RB	RY	RG	RBL
导线颜色	G	GW	GR	GY	GB	GBL
	Y	YR	YB	YG	YBL	YW
	Br	BrW	BrR	BrY	BrB	
	BL	BLW	BLR	BLY	BLB	BLO
	Gr	GrR	GrY	GrBL	GrG	GrB

双色低压线主色的规定　　　　　表 11-3

序号	用 电 系 统 名 称	电线主色	代　号
1	电气装置搭铁线	黑	B
2	点火、起动系统	白	W
3	电源系统	红	R
4	灯光信号系统(包括转向指示灯)	绿	G
5	防空灯系统及车身内部照明系统	黄	Y
6	仪表及报警指示系统和喇叭系统	棕	Br
7	前照灯、雾灯等外部灯光照明系统	蓝	BL
8	各种辅助电动机及电气操纵系统	灰	Gr
9	收放音机、电子钟、点烟器等辅助装置系统	紫	V

小截面双色低压线主、辅色的搭配表　　　　　表 11-4

主　色	辅　色						
	红(R)	黄(Y)	白(W)	黑(B)	棕(N)	绿(G)	蓝(BL)
红(R)	—	√	√	√	—	√	√
黄(Y)	√	√	√	√	△	△	△
蓝(BL)	√	√	√	√	△		
白(W)	√	√	√	√	√	√	△
绿(G)	√	√	√	√	√	—	√
棕(N)	√	√	√	√	—	√	√
紫(V)	—	√	√	√	—	√	—
灰(Gr)	√	√	—	√	√	√	√

注:√——允许搭配的颜色;△——不推荐搭配的颜色。

❷ 线束

1)线束

为了使整机繁多的导线不凌乱、方便安装和保护导线的绝缘层不被破坏,除高压导线外,将同路不同规格的导线用棉纱编织或用聚氯乙烯带包扎成束,称为线束。也可将导线包裹在用塑料制成开口的软管中,检查时将塑料软管的开口撬开即可。

线束由导线、端子、插接器和护套等组成。端子(也称接线)一般由黄铜、纯铜、铝等材料制成。

2)插接器

插接器多用于线路间的连接,它由插头与插座两部分组成,按适用场合的不同,其插脚多少不等。插接脚有平端和针状两种形状。

如图 11-3 所示,插接器"MA51.2"中"MA51"代表了接头的编号,"2"代表了接头插销编号,即接头中对应的第几个针脚。

图 11-4 中分别列出了常用的插接器的拔插方法。

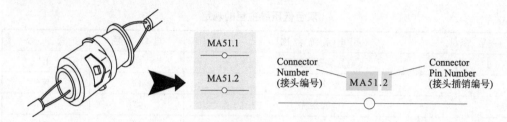

图 11-3　插接器

图 11-4　常用插接器的拔插方法

图 11-5 中将正确与错误的拔插方法作了对比。

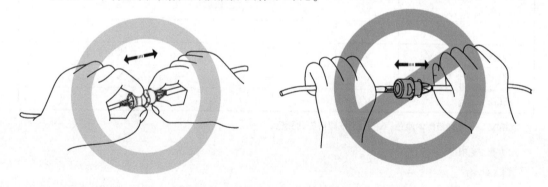

图 11-5　正确与错误的拔插方法对比

❸ 电气线路图

1）特点

工程机械在电路图绘制、符号标注等方面有所不同，但其线路连接均有以下共同特点。

（1）低压直流电。为了简化结构和保证安全，工程机械电气设备采用低压直流供电，柴油机大多采用低压 24V 供电，汽油机大都采用 12V 电压供电。

（2）电线制。工程机械上所有电气设备的正极用导线连接，负极不用导线而是与机身相连接，既节约导线又减少线路连接的复杂性。

（3）安装有保险装置。为了防止电路或元器件因搭铁或短路而烧坏电线束和用电设备，各种类型的工程机械上均安装有保险装置，这些保险装置有的串联在元器件回路中，也有的串在支路中。

（4）大电流开关通常加接中间继电器。工程机械电器中大电流的有起动机、电喇叭等,工作时的电流很大,如果直接用开关控制它们的工作状态,往往会使控制开关早期损坏。因此,控制大电流用电设备的开关常采用加中间继电器的方法,利用流过继电器线圈的小电流来控制流过用电设备的大电流。

（5）具有充放电指示。工程机械上蓄电池的充、放电情况一般由电流表指示,也有用充电指示灯来指示的。由于起动机和电喇叭的用电量大,故它们的工作电流不经过电流表。

（6）有颜色和编号特征。为了便于识别和检修繁杂的用电设备和连接导线,通常用不同的颜色来表示低压线,并在线路图上用颜色的字母代号标注出来。

2）种类

工程机械电路图根据其用途不同,主要有以下几种。

（1）线路图。将所有工程机械电器按机上实际位置,用相应的外形简图或原理简化出来,并用线条一一连接起来。

（2）原理图。按规定的图形符号,把仪器及各种电气设备按电路原理,由上到下合理地连接起来,然后进行横向排列形成的电路图。它既可以是子系统的电路原理图,也可以是整车电路原理图。

（3）线束图。能反映走向和有关导线颜色、接线柱编号等内容的线路图。这种图呈树枝样,上面着重标明各导线的序号和连接的电气设备及接线柱的名称,各插接器插头和插座的序号。

（4）系统电路。将单个电控系统功能特点,只画出与该电系有关联的电气元件间连接关系的电路图。

系统电路包括基本系统电路和具有特殊功能的电控系统两大部分。基本系统电路包括:充电系(蓄电池、发电机、电流表)、起动系、照明及仪表、辅助装置等。

3）电路图中各种电气元件(或部件)的表示方法

（1）用国家标准符号表示。

（2）用厂家规定的符号表示。

（3）用各种电气的简易外形表示。

4）电气线路图的分析方法

工程机器的电路图往往只给出一张比较复杂的总图,根据总图来进行线路查找是非常困难的,因此当遇到电气问题,一般用下面的方法进行分析。

（1）画出个别回路图。要求标出从电池正极开始涉及的所有接头、开关、导线、继电器、电气元件等到搭铁的所有详细情况。

（2）根据开关、传感器等元件处在不同的状态,分析正常时应该得到的现象。

（3）根据实际出现的电气故障现象,分析可能存在问题的地方,并列出检查顺序。

（4）检查测量问题点。注意根据接头号和导线的线径、颜色来找到测量点。

二　任务实施

❶ 准备工作

（1）准备蓄电池、开关、灯泡等教学用具。

（2）穿戴工作服、工作鞋、工作帽。

（3）检查实训室通风系统设备工作是否正常。

2 技术要求与注意事项

（1）线束应用卡簧或绊钉固定，以免松动而磨损。

（2）线束不可拉得过紧，尤其在拐弯处绕过锐边或穿过洞口时应用橡胶、毛毡等垫子或护套保护，以防线束磨损。

（3）各接头必须切实紧固，接头间接触良好。

（4）连接电气时，应根据插接器的规格以及导线的颜色或接头处套管的颜色分别接在各电气上。

3 操作步骤

（1）根据符号，画出串联回路电路图。根据所给的电气元件符号画出串联电路图，电流走向为：电源→开关→灯泡，如图 11-6 所示。

（2）根据画出的图样，连接实物。对于简单的串联电路通常情况下只要对照电路图，从电源正极出发，逐个顺次地将实物图中的各元件连接起来即可，如图 11-7 所示。

注意：要根据实际的电流大小，选择合适的导线。

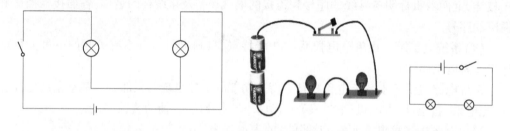

图 11-6　串联电路图　　　　　　　　　图 11-7　实物连接图

（3）利用开关点亮灯泡。确认所连的线路准确无误，且所有灯泡都能点亮。

（4）学生按照串联回路操作步骤，完成并联回路的连接。教师将学生分组，让学生按照（1）（2）（3）的操作步骤完成并联回路的连接。各组分别共享各自的成果，教师对各组任务完成的情况进行点评，并将正确步骤讲解，讲解完成后，学生自行练习，教师进行初步考核。

（5）结束工作。把所有教学用具归位，并填写实训报告。

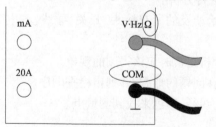

图 11-8　表笔插入位置

三 学习扩展

1 万用表的使用

1）电阻测量

（1）正确插接万用表接线端，如图 11-8 所示。

（2）在万用表电阻测量区域选择最低电阻范围，如图 11-9 所示。

（3）将两个接线端接触确认表针是否指 0 位，如果不指 0 位，则调整装置，调整为 0 位，如图 11-10 所示。

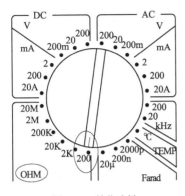

图 11-9　挡位选择

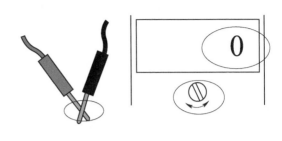

图 11-10　调零方法

（4）拆开接头以免部件通过电流，如图 11-11 所示。

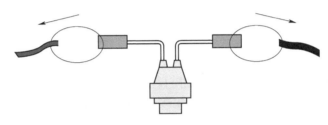

图 11-11　电阻测量方法

（5）将接线端接触测量点。测量时不要用手或其他导体接触测量点，如图 11-12 所示。

图 11-12　正确和错误方法对比

（6）如果电阻过大超出测量范围时，可逐级提高量程，如图 11-13 所示。

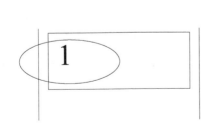

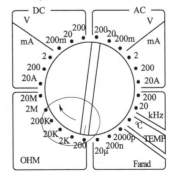

图 11-13　量程调整方法

2）电压测量

（1）正确插接万用表接线端，如图 11-14 所示。

（2）在万用表电压测量区域选择最高电压范围，如图 11-15 所示。

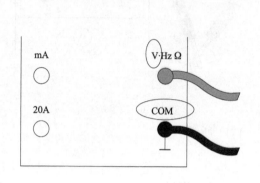

图 11-14　表笔插入位置

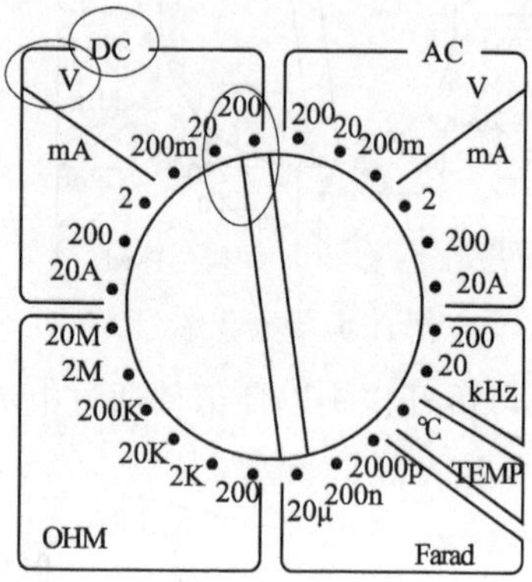

图 11-15　挡位选择

（3）部件必须为连接电源的状态，如图 11-16 所示。

（4）检查并匹配万用表接线端与部件接线端的极性，如图 11-17 所示。

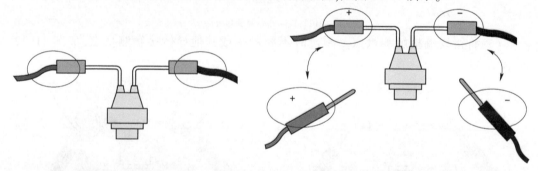

图 11-16　电源连接状态

图 11-17　电压测量方法

（5）将接线端接触测量点。测量时不要用手或其他导体接触测量点，如图 11-18 所示。

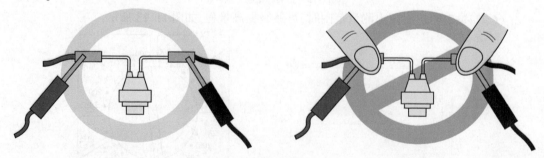

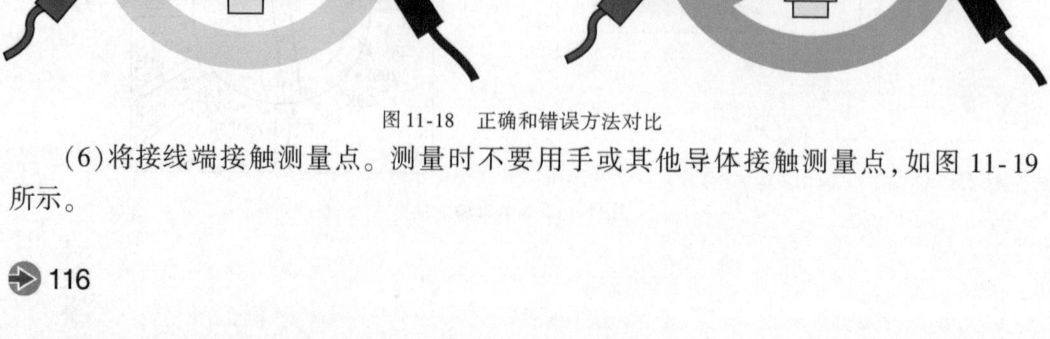

图 11-18　正确和错误方法对比

（6）将接线端接触测量点。测量时不要用手或其他导体接触测量点，如图 11-19 所示。

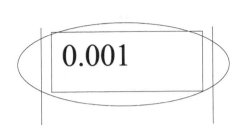

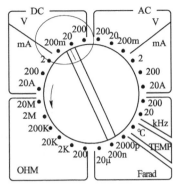

图 11-19　量程调整方法

3）电流测量

（1）将红色接线端插接最大电流值位置，如图 11-20 所示。

（2）按上述最大电流值选择测量范围，如图 11-21 所示。

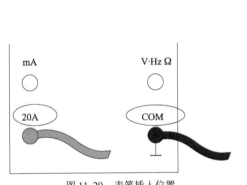

图 11-20　表笔插入位置

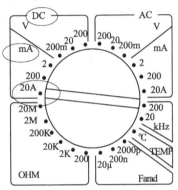

图 11-21　挡位选择

（3）从部件拆开 1 个导线，如图 11-22 所示。

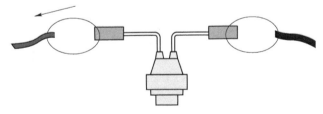

图 11-22　断开连线

（4）检查并匹配万用表接线端与部件接线端的极性，如图 11-23 所示。

（5）将接线端接触测量点，测量时不要用手或其他导体接触测量点，如图 11-24 所示。

（6）如果电流过小难以正确认读时，可逐步地减少测量范围，如图 11-25 所示。

❷ 二极管检查程序

（1）将万用表接线端插接电阻测量位置，如图 11-26 所示。

（2）将万用表测量范围设置为 20kΩ 或者（ ─▷├ ），如图 11-27 所示。

（3）为检查万用表是否正常，将两个接线端接触确认表针是否指 0 位，如图 11-28 所示。

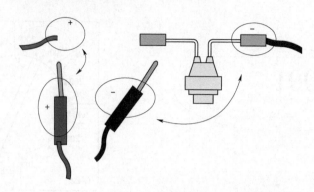

图 11-23　电流测量方法

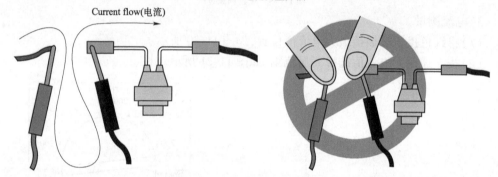

图 11-24　正确和错误方法对比

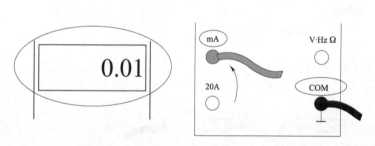

图 11-25　量程调整方法

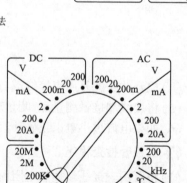

图 11-26　表笔插入位置

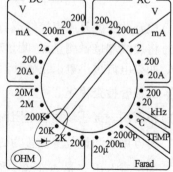

图 11-27　挡位选择

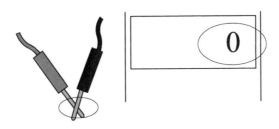

图 11-28　调零方法

（4）从电路拆开二极管，如图 11-29 所示。

（5）将万用表的红色接线端连接于三角形标记的一侧，而黑色接线端连接于条形标记的一侧，此时核对电阻值是否与图 11-30 所示电阻值近似。

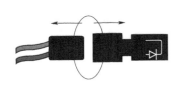

图 11-29　拆开二极管

 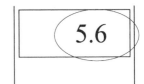

图 11-30　测量方法 1

（6）将万用表的黑色接线端连接于三角形标记的一侧，而红色接线端连接于条形标记的一侧，此时核对电阻值是否与图 11-31 所示电阻值一致。（一次显示电阻值，另一次显示无限大值时：正常）

 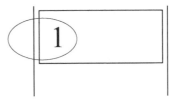

图 11-31　测量方法 2

四　评价与反馈

1 自我评价

（1）通过本学习任务的学习你是否已经知道以下问题：

①串联回路的特点是什么？＿＿＿＿＿＿＿＿＿＿＿＿＿＿＿＿＿＿＿＿。

②并联回路的特点是什么？＿＿＿＿＿＿＿＿＿＿＿＿＿＿＿＿＿＿＿＿。

（2）电路实物连接过程中用到了哪些设备？

＿＿＿＿＿＿＿＿＿＿＿＿＿＿＿＿＿＿＿＿＿＿＿＿＿＿＿＿＿＿＿＿＿＿。

（3）实训过程完成情况如何？

＿＿＿＿＿＿＿＿＿＿＿＿＿＿＿＿＿＿＿＿＿＿＿＿＿＿＿＿＿＿＿＿＿＿。

（4）通过本学习任务的学习，你认为自己的知识和技能还有哪些欠缺？

＿＿＿＿＿＿＿＿＿＿＿＿＿＿＿＿＿＿＿＿＿＿＿＿＿＿＿＿＿＿＿＿＿＿。

签名：＿＿＿＿＿＿＿＿＿　＿＿＿年＿＿月＿＿日

② 小组评价(表 11-5)

小 组 评 价 表 表 11-5

序号	评 价 项 目	评 价 情 况
1	着装是否符合要求	
2	是否能合理规范地使用仪器和设备	
3	是否按照安全和规范的流程操作	
4	是否遵守学习、实训场地的规章制度	
5	是否能保持学习、实训场地整洁	
6	团结协作情况	

参与评价的同学签名:_____   _____年___月___日

③ 教师评价

_____

_____。

教师签名:_____   _____年___月___日

五 技能考核标准

根据学生完成实训任务的情况对学习效果进行评价。技能考核标准见表 11-6。

技能考核标准表 表 11-6

序号	操作内容		规定分	评分标准	得分
1	串联回路的搭建	识读串联回路	10	正确识读电路	
		根据电路图连接实物	30	是否达到操作要求标准	
		灯泡点亮	10	是否达到操作要求标准	
2	并联回路的搭建	识读并联回路	10	正确识读电路	
		根据电路图连接实物	30	是否达到操作要求标准	
		灯泡点亮	10	是否达到操作要求标准	
总　分			100		

学习任务 12　起动电路故障诊断与排除

 知识目标

1. 掌握起动电路的特点；
2. 掌握起动电路图的分析方法；
3. 掌握起动电路故障排除的步骤和方法。

 技能目标

1. 能熟读起动电路图；
2. 能分析起动电路图；
3. 利用起动电路图排除故障。

 建议课时

8 课时。

 任务描述

案例 12-1　2012 年 3 月 5 日,广东省某石矿一辆沃尔沃 EC360B 挖掘机(系列号为: ××××)出现了起动不着现象,该设备运转小时为 2255h。

表 12-1 是对应的服务工程师在处理该故障的维修服务记录单,记录单详细地记录了设备故障现象、维修服务人员的分析思路和处理结果。

服务记录单　　　　　　　　　　　　　　　　　　表 12-1

设备型号	设备编号	工作小时	区域	维修者	客户单位名称
EC360B	××××	2255h	广东	×××	××××××

一、故障现象

操作手反映,挖掘机上午工作正常,午饭后就起动不了了,而且没有报警。到现场试机后发现起动机转动,但无力

续上表

二、分析引起故障的原因 (1)蓄电池故障。 (2)线路故障。 (3)其他相关的电气故障等	
三、检修步骤 (1)检查蓄电池电压。 (2)检查油门旋钮其反馈电压。 (3)检查发动机的曲轴传感器和凸轮轴传感器电阻。 (4)检查机器线路有无短路断路。 (5)检查电脑板 V-ECU	
四、结论 更换蓄电池,给机器 E-ECU 刷新软件,试机正常,故障消除	

案例 12-2 2013 年 12 月 3 日,安徽省某土石方工地上一辆沃尔沃 EC210B 挖掘机(系列号为:××××)出现了机器起动后人为熄火,第二次无法起动,重新将电源总开关开关一次后又能正常起动一次现象,该设备目前运转小时为:18530h。

表 12-2 是对应的服务工程师在处理该故障的维修服务记录单,详细记录了设备故障现象、维修服务人员的分析思路和处理结果。

服 务 记 录 单　　　　　　　　　　　表 12-2

设备型号	设备编号	工作小时	区域	维修者	客户单位名称
EC210B	×××××	18530h	安徽	×××	××××××

一、故障现象 　挖掘机起动一次后,第二次无法起动(起动机不转),如果将电源总开关关闭再打开,能正常起动(即每次起动熄火后,要想再起动就需要将电源总开关开关一次),其他一切都正常 二、分析引起故障的原因 (1)起动继电器故障。 (2)线路故障。 (3)其他相关的电气故障等	 安全起动继电器

续上表

二、分析引起故障的原因 (1)起动继电器故障。 (2)线路故障。 (3)其他相关的电气故障等	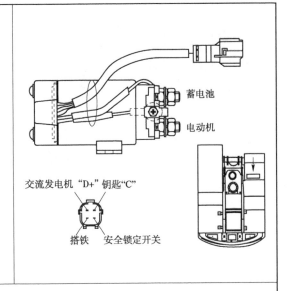 蓄电池　电动机 交流发电机"D+"钥匙"C" 搭铁　安全锁定开关

三、检修步骤

(1)检查安全起动继电器是否吸合。

(2)检查连接起动继电器交流发电机 D + 、安全锁定开关是否在 ON 和 START 位置都有电,检查搭铁是否正常。

(3)检查第二次起动时,钥匙在 START 位置,连接安全起动继电器的钥匙开关 C 端子是否有电。

(4)检查钥匙开关到安全起动继电器的 C 端子之间的导线连接是否正常

四、结论

更换 GPS 后,故障解除

一　理论知识准备

❶ 钥匙开关

(1)图 12-1 为钥匙开关实物图,钥匙开关共有 6 个端子,分别为 B + 、BR、R1、R2、C 及 ACC。可以通过变换开关的位置选择使用供电、起动及预热。

(2)图 12-2 为钥匙开关电路图,图中"PRE"为预热位置,在钥匙处于预热位置时,此时 B + 端子、BR 端子、R1 端子和 ACC 端子得电;"OFF"为钥匙关位置,此时只有 B + 端子得电;"ON"为通电位置,此时 B + 端子、BR 端子和 ACC 端子得电;"START"为起动位置,此时除了 R1 以外的端子都得电。

❷ 安全起动继电器

(1)图 12-3 为起动继电器实物图,图 12-4 为 起动继电器 4 个接线端,继电器 4 个接线端分别是从交流发电机"D + "端、钥匙开关的"C"端子、安全锁定开关的信号端及搭铁端。

(2)当发动机在工作状态下重新起动或者发动机起动后钥匙开关仍处于起动位置时,切断起动机的供电以保护起动机。

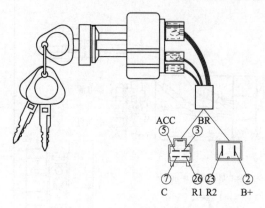

图 12-1　钥匙开关实物图

开关电路

	B+	BR	R1	R2	C	ACC
PRE	○	○	○			○
OFF	○					
ON	○	○				○
START	○	○	○	○	○	○

图 12-2　钥匙开关电路图

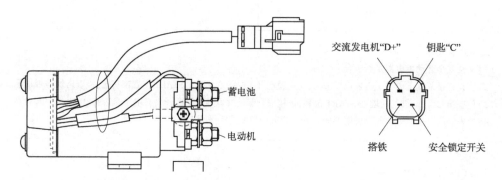

图 12-3　起动继电器实物图

图 12-4　起动继电器 4 个接线端

从图示 12-5 中可以看出,安全起动继电器的工作需要同时满足以下几个条件:

①钥匙开关的"C"端子有 24V 电压。

②交流发电机的"D + "端没有电压。

③安全锁定开关处于"OFF"位置。

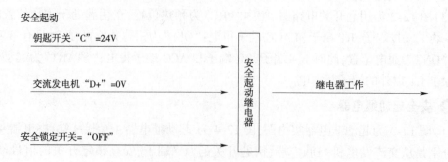

图 12-5　安全起动条件

(3)当用钥匙开关起动后出现起动失败时,此时安全起动继电器会维持继电器关闭状态 2 ~ 4s,以保护起动机,如图 12-6 所示。

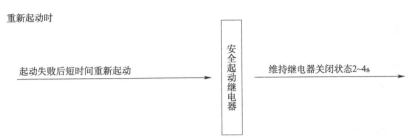

图 12-6　重新起动状态

3 电子控制单元(ECU)

电路图说明如图 12-7、图 12-8 所示。

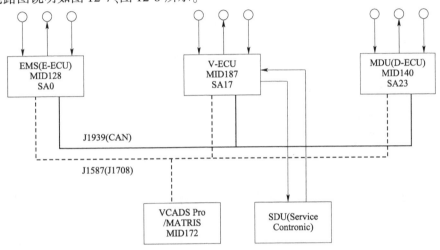

图 12-7　控制系统简图

E-ECU-发动机电子控制单元;V-ECU-车载电子控制单元;MDU-机械(名系统)显示装置;J1939(CAN)-控制总线,系列数据(256kbit);J1587(J1708)-信息总线,系列数据(9.6kbit);MATRIS-机械运行数据;VCADS Pro-故障诊断及程序下载;SDU-设备服务显示单元

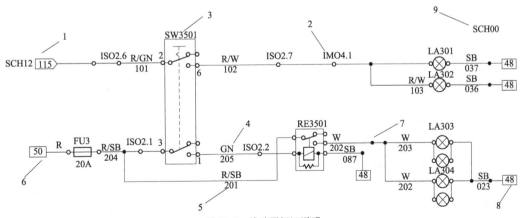

图 12-8　线路图标记说明

1-参考:电缆始终与 SCH12 电路图连接;2-标记接头编号及接头上的插销编号(IM04:接头名称 1:插销编号);3-标记部件(SW:开关,3:功能组,501:电路图编号);4-电线颜色(GN:绿色);5-电线编号(在电线上未印制);6-电源;7-连接标记;8-车架搭铁点;9-电路图编号

二 任务实施

❶ 准备工作

（1）检查实训室通风系统设备工作是否正常。

（2）准备挖掘机一台、万用表、常用扳手、常用套筒等教学用具。

（3）提前设置好相应的故障。

❷ 技术要求与注意事项

（1）不可损坏完好的电器元件。

（2）不可擅自改动电气线路。

（3）修复后的电气装置及线路必须满足检修质量标准要求。

❸ 操作步骤

1）案例1

（1）分析故障现象。根据故障现象,起动机能够转动,但无力,说明电路连接没有问题,故障应该是供电电压不足导致。挖掘机起动和停止电路图如图12-9所示。

（2）对机器进行检查。

①把钥匙开关打到通电位置,通过察看仪表上的电压显示,发现此时电压值为21.7V。

②利用万用表分别对两个蓄电池进行电压测量,发现其中一个蓄电池电压值为10.6V,低于标准值。

注意:建议在条件允许的情况下,可以一边转动起动钥匙,一边测量蓄电池电压,此时测量值会比较准确。

（3）解决故障。从以上两步检查发现,其中一蓄电池损坏并进行更换,起动不着的故障解决。

（4）结束工作。

①把所有教学用具归位。

②填写实训报告。

2）案例2

（1）分析故障现象。根据故障现象,安全起动继电器在第二次起动时不吸合导致该故障的产生。

（2）对机器进行检查。

①检查安全继电器的吸合情况。第一次起动时检查起动机吸合情况;第二次起动时再次检查起动机吸合情况。经检查发现,在第二次起动时,起动机不吸合。

②钥匙开关在 ON 和 START 位置时,检查连接在起动继电器上的交流发电机 D + 端子和安全锁定开关的端子都没电,搭铁端子搭铁良好,在 START 位置时,连接安全起动继电器的钥匙开关 C 端子有电。

③在检查过程中发现钥匙在 ON 位置时安全起动继电器上连接到钥匙开关 C 端子的点也有25.3V 电压,钥匙 C 端子有 13.6V 电压,判断是钥匙开关 C 端子到安全继电器之

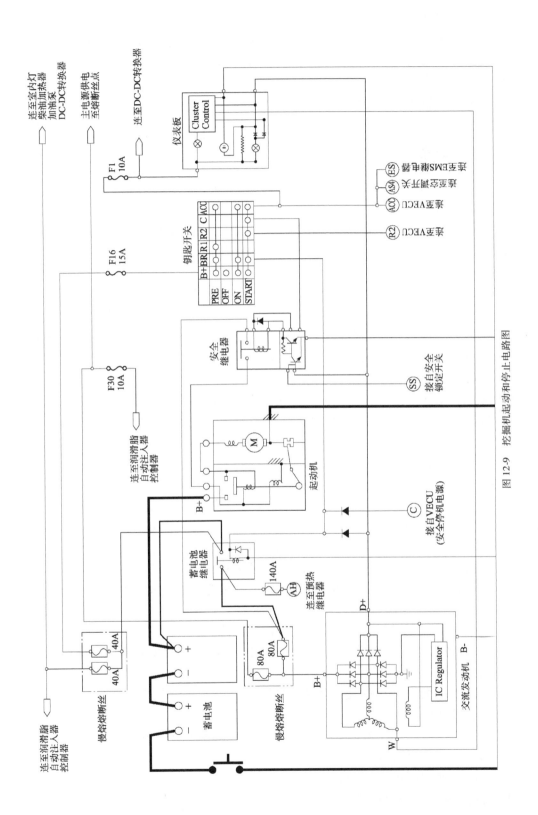

图 12-9 挖掘机起动和停止电路图

间的线路出现问题。

（3）解决故障。检查发现通过控制钥匙开关上的 C 端子的供电来实现 GPS 功能的，故判断 GPS 损坏导致 C 端子的供电不正常，更换 GPS 后，故障解除。

（4）结束工作。

①把所有教学用具归位。

②写实训报告。

三 学习扩展

一般来说，关于此类故障，首先要反复确认故障现象。譬如起动不着，要考虑机器是什么状况下起动不着：

①机器停了几天，起动不着的情况。②机器在工作中熄火，再次起动而起动不着的情况。这里又可以根据熄火的状态分为两种：一种是发动机突然熄火，可以考虑电路故障；一种是发动机慢慢熄火，一般考虑为油路故障。

确认好现象之后，还应该做一个简单的判断——起动钥匙开关时，起动机当前运转的情况：

①起动机不转动，考虑检查起动系统中蓄电池、起动机、起动继电器、起动开关、连接线路等部位可能有问题。②起动运转无力，主要考虑检查蓄电池、通电线路以及起动机可能存在的问题。

在本章节案例 1 中，实际上还存在另外一故障（发动机起动后，转速极不稳定，转速忽大忽小，油门旋钮不起作用，且无任何报警故障码）。在这里做一个简单的补充。

发动机转速一般由凸轮轴传感器、曲轴传感器和油门旋钮控制。凸轮轴传感器和曲轴传感器与 E-ECU 相连，曲轴传感器将实际转速传达到 E-ECU 与目标转速进行对比；油门旋钮是将电压信号传到 V-ECU 的，而 V-ECU 通过信息线与 E-ECU 进行通信反馈，让发动机实际转速与目标转速一致。

根据故障现象，可以做以下检查：

（1）利用万用表测量油门旋钮，其反馈电压一般为 0.5 ~ 4.5V。

（2）利用万用表测量发动机的曲轴传感器和凸轮轴传感器，看其电阻是否都在正常范围内。

（3）利用万用表检查机器线路看是否有短路、断路情况。

（4）检查 V-ECU 状况，可以利用对换法，也可以对 V-ECU 针脚进行实际测量，如图 12-10 上可以测量 EA30 和 EA31，并与标准值进行比较。

（5）如果 ECU 故障是可以先更换软件，如输入软件后仍不正常，再更换 ECU 硬件。

故障码说明如下。

187 SID 231 9（注：厂家不同，代码标识不一样）如图 12-11 所示。

187 SID 250 9 如图 12-12 所示。

187 代表 V-ECU（车载控制单元）。

128 代表 E-ECU（发动机控制单元）。

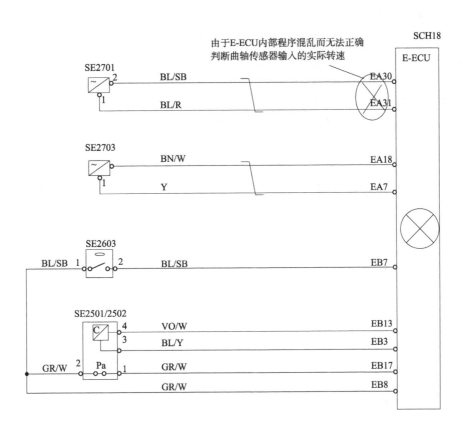

图 12-10　传感器线路图

SID231	SAE J1939 控制链路，故障		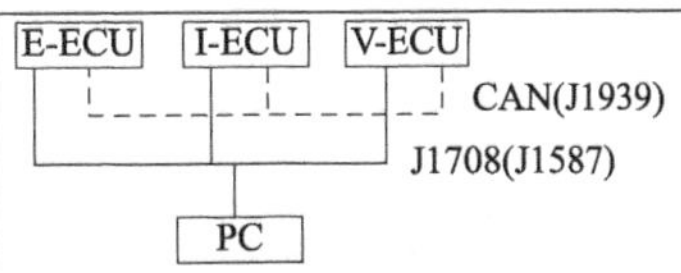
功能	检查ECU之间的通信是否出故障		
电路图			
安装/调节	拧紧力矩： VCADS Pro：		
次系统	CAN H-	U≈2.5~3.0V	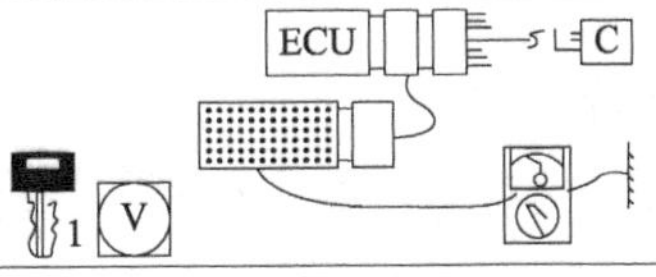
	CAN L-	U≈2.0~2.5V	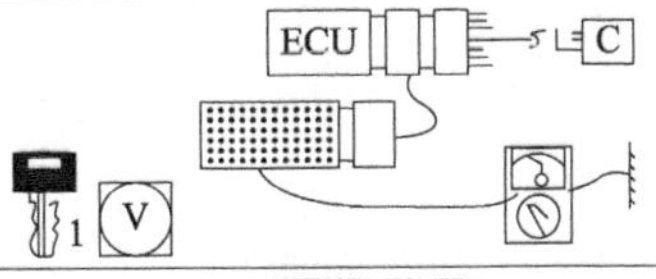
	CAN H-L	U≈0~1V	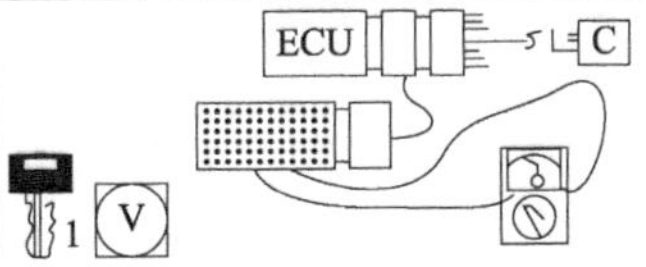

图 12-11　故障码图 1

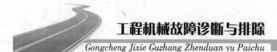

140 代表 I-ECU(仪表控制单元)。

MID 即讯息识别说明:每个控制单元的独特号码。

PID 即参数识别说明:每个参数的独特号码。

PPID 即专有参数识别说明:每个参数专有的独特号码。

SID 即子系统识别说明:部件的独特号码。

PSID 即专有子系统识别说明:部件专有的独特号码。

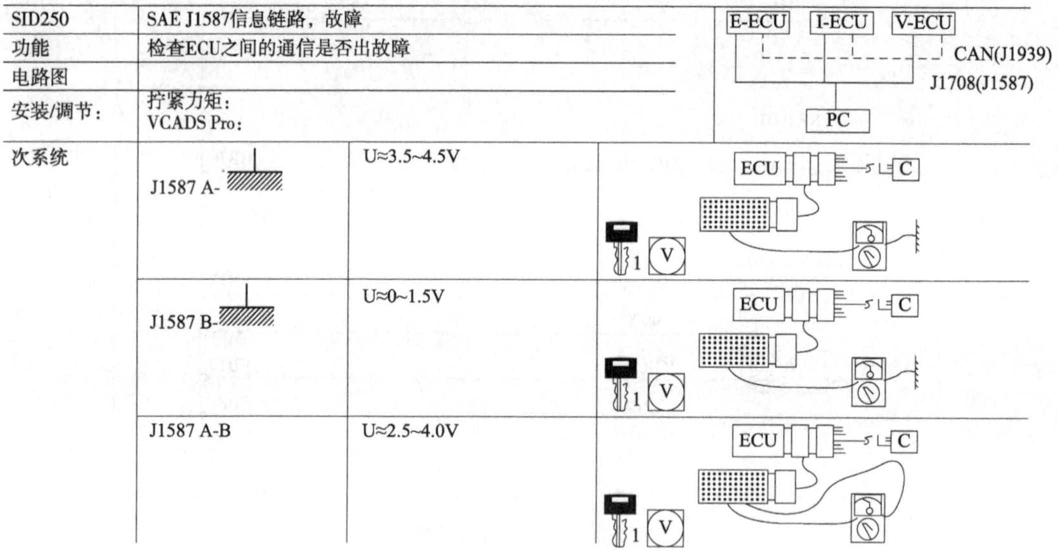

SID250
SAE J1587信息链路，故障
功能
检查ECU之间的通信是否出故障
电路图
安装/调节：
拧紧力矩：
VCADS Pro：
E-ECU
I-ECU
V-ECU
CAN(J1939)
J1708(J1587)
PC
次系统
J1587 A-
U≈3.5~4.5V
J1587 B-
U≈0~1.5V
J1587 A-B
U≈2.5~4.0V
ECU
C
1
V

图 12-12　故障码图 2

四 评价与反馈

1 自我评价

(1)通过本学习任务的学习你是否已经知道下面问题:

起动回路的特点?________________________________。

(2)起动电路维修过程中用到了哪些工具?

____。

(3)实训过程完成情况如何?

____。

(4)通过本学习任务的学习,你认为自己的知识和技能还有哪些欠缺?

____。

签名:____________　________年____月____日

2 小组评价（表12-3）

小 组 评 价 表　　　　　　　　　　表12-3

序号	评 价 项 目	评 价 情 况
1	着装是否符合要求	
2	是否能合理规范地使用仪器和设备	
3	是否按照安全和规范的流程操作	
4	是否遵守学习、实训场地的规章制度	
5	是否能保持学习、实训场地整洁	
6	团结协作情况	

参与评价的同学签名：_____　　_____年___月___日

3 教师评价

_____

_____。

教师签名：_____　　_____年___月___日

五　技能考核标准

根据学生完成实训任务的情况对学习效果进行评价。技能考核标准见表12-4。

技能考核标准表　　　　　　　　　　表12-4

序号	操 作 内 容		规定分	评 分 标 准	得分
1	起动不着故障案例1	识读起动回路	10	正确识读电路图	
		分析可能的故障点	20	正确分析故障点	
		通过仪表察看蓄电池电压值	20	是否达到操作要求标准	
		用万用表检测蓄电池电压值	20	是否达到操作要求标准	
		正确拆装蓄电池	20	是否达到操作要求标准	
		整理场地及工具	10	工具及场地是否整洁	
2	起动不着故障案例2	识读起动回路	10	正确识读电路图	
		分析可能的故障点	20	正确分析故障点	
		检查安全继电器吸合情况	20	是否达到操作要求标准	
		检查发电机D+端子通电情况	15	是否达到操作要求标准	
		检查安全锁定杆开关通电情况	15	是否达到操作要求标准	
		检查钥匙开关C端子通电情况	15	是否达到操作要求标准	
		更换故障件GPS	15	是否达到操作要求标准	
		整理场地及工具	10	工具及场地是否整洁	
总　　分			100		

学习任务 13 仪表电路故障诊断与排除

 知识目标

1. 掌握仪表电路的特点；
2. 掌握仪表电路图的分析方法；
3. 掌握仪表电路故障排除的步骤和方法。

 技能目标

1. 能熟读仪表电路图；
2. 能分析仪表电路图；
3. 利用仪表电路图进行排除故障。

建议课时

6 课时。

 任务描述

案例 13-1 2013 年 11 月 13 日,浙江省某工地一辆沃尔沃 EC210B 挖掘机(系列号为:×××××)出现了机油压力报警的现象,该设备运转小时为:10330h。

表 13-1 是对应的服务工程师在处理该故障的维修服务记录单,记录单详细地记录了设备故障现象、维修服务人员的分析思路和处理结果。

服务记录单 表 13-1

设备型号	设备编号	工作小时	区域	维修者	客户单位名称
EC210B	×××××	10330h	浙江	×××	××××××

一、故障现象

机器偶尔有机油压力报警出现,当报警出现时出现发动机动力保护,挖掘机无法工作,且有故障码 128
PID 100 5

续上表

二、分析引起故障的原因 （1）发动机缺机油； （2）机油压力传感器故障； （3）线路故障等	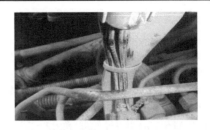
三、检修步骤 （1）检查机油的液位； （2）检查机油压力传感器； （3）检查线路	
四、结论与原因分析 （1）传感器供电线直接通过车体搭铁，造成反馈到电脑板的机油压力信号异常。挖掘机在工作中振动，偶尔报警。 （2）磨破的线路重新接好，包扎，故障解决。 （3）调整线束与高压油管的距离，防止再次出现同样故障	

案例13-2　2012年11月8日，甘肃省某工地中一辆沃尔沃EC210B挖掘机（系列号为：××××）出现了冷却液温度不显示的现象，该设备运转小时为：2876h。

表13-2是对应的服务工程师在处理该故障的维修服务记录单，记录单详细记录了设备故障现象、维修服务人员的分析思路和处理结果。

服 务 记 录 单　　　　　　　　　　　　表13-2

设备型号	设备编号	工作小时	区域	维修者	客户单位名称
EC210B	×××××	2876h	甘肃	×××	××××××

一、故障现象 　仪表板不显示冷却液温度，在冷却液缺少的情况下，也无任何报警提示	
二、分析引起故障的原因 （1）发动机缺冷却液； （2）冷却液温度传感器故障； （3）线路故障等	E-ECU　I-ECU　V-ECU CAN/J1939 J1708/J1587 PC V1048582

续上表

三、检修步骤

(1)检查整车线束无任何破损或搭铁现象;

(2)更换新的冷却液温度传感器后故障仍然存在;

(3)用电脑检测,电脑弹出"安全杆应处于下降位置"的提示;

(4)断开冷却液位、燃油水分、冷却液温度传感器插头和预热装置后 IECU 无任何报警提示;

(5)利用跳线盒测量冷却液温度传感器、燃油压力传感器、机油压力传感器数值均正常,检测 EECU 与 VECU 通信线时,在 VB6、VB14 处得电压分别为 2.3V、2.5V;在 EB55、EB51 电压分别为 25.3V、25.6V。判断 VECU 与 EECU 通信线 J1939(CAN)断路或短路造成 EECU 无法与 VECU 通信,导致冷却液温度不显示

四、结论与原因分析

更换新的 VECU 与 EECU 之间的连接线

案例 13-3 2013 年 7 月 19 日,北京市某工地一辆沃尔沃 L180F 装载机(系列号为:×××××)出现了仪表电压无显示的现象,该设备目前运转小时为:7508h。

表 13-3 是对应的服务工程师在处理该故障的维修服务记录单,详细记录了设备故障现象、维修服务人员的分析思路和处理结果。

服 务 记 录 单   表 13-3

设备型号	设备编号	工作小时	区域	维修者	客户单位名称
L180F	×××××	7508h	北京	×××	××××××

一、故障现象

设备无延时断电功能,IECU 电压无显示,IECU 小时数停走,PID 168 - 1 报警,IECU 指针(燃油油位、变速器油温、冷却液温度)在关闭电门后不回位

二、分析引起故障的原因

(1)仪表故障;

(2)线路故障;

(3)其他电气元件故障等

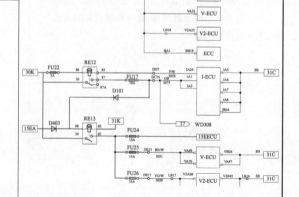

续上表

三、检修步骤

（1）因为延时断电与 IECU 的 IA24 针脚有关，所以先检查 IA24 所控制的 RE12 继电器，打开 IECU 的 I/0 显示，发现 IA24 有电，同时 RE12 输出端有电。

（2）检查 FU17 熔断丝，发现熔断丝熔断，更换熔断丝，试车正常，同时电压也正常显示。之后，据客户反映 IECU 小时数正常走字，EB51 电压分别为 25.3V、25.6V，判断 VECU 与 EECU 通信线 J1939（CAN）断路或短路造成 EECU 无法与 VECU 通信，导致冷却液温度不显示

四、结论与原因分析

更换 FU17 熔断丝

一　理论知识准备

❶ 仪表板

仪表板如图 13-1 所示。

图 13-1　仪表板指示灯

仪表板显示由机械的传感器和开关传送的信息，以便当机械发生任何非正常故障时提醒操作员注意。仪表板内装有冷却液温度计和燃油表。

❷ 冷却液液位传感器

冷却液液位传感器传送依据散热器冷却液液位的电阻值。冷却液液位传感器参数如图 13-2 所示。

❸ 冷却液温度传感器

冷却液温度传感器向仪表板上的温度表提供必要的信息。温度传感器利用温度的变化而变化的热敏电阻来传感温度（图 13-3）。当指示刻度进入红色范围时，报警灯亮并响报警音。

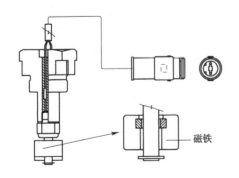

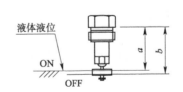

液体	距离	a(mm)	b(mm)
水	1.00	60.9±3	61.9±3
油	0.88	58.9±3	59.5±3

图 13-2　冷却液液位传感器参数

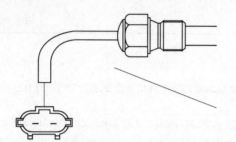

温度(℃)	电阻(Ω)
50	153.9
80	51.9
100	27.4
120	16.1

图 13-3 冷却液温度传感器参数

④ 燃油油位传感器

燃油油位传感器将依据燃油箱内燃油量的电阻值传送到仪表板上的燃油表。如图 13-4 所示。

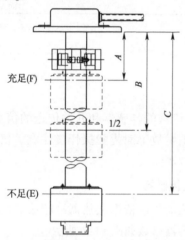

参数	A	B	C
距离(mm)	87	360	680
电阻(Ω)	3	32.5	110

图 13-4 燃油油位传感器参数

⑤ 机油压力传感器

机油压力传感器使仪表板上的机油压力报警灯工作。发动机内机油压力过低时报警灯亮,蜂鸣器鸣响,如图 13-5 所示。

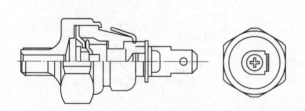

项　　目	规　　格
额定负载	24V,5W
工作压力	(1±0.3)MPa
触点形式	常闭形式(NC) (低于工作压力时:ON 高于工作压力时:OFF

图 13-5 机油压力传感器参数

⑥ 电子控制系统

电子控制系统如图 13-6 所示。

电子控制系统由各种计算机及其通信线路构成。在一般的控制系统中,有 E-ECU (发动机控制单元)、I-ECU(仪表控制单元)和 V-ECU(车辆控制单元)三个电脑板。

通信对于正确控制机器十分重要。一般来说,机器使用两条国际网络协议通信线路。线路是扭转的,以保护总线不受电干扰。CAN 总线又称为 J1939,表示控制器区域网络,这个信号控制着机器并且十分迅速,一般传输速率为 256kbit。信息总线,又称为 J1587 或 J1708,该总线连接到所有控制单元和维修插口,有着 E-ECU 控制总线备用线的功能。可以利用该控制线进

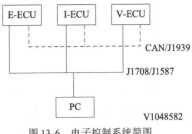

图 13-6　电子控制系统简图

行编程 ECU 及下载 ECU 内存储的相关信息数据,其传输速率为 9.6kbit。

二 任务实施

❶ 准备工作

(1)检查实训室通风系统设备工作是否正常。

(2)准备挖掘机一台、跳线盒、万用表、常用扳手、常用套筒等教学用具。

(3)提前设置好相应的故障。

❷ 技术要求与注意事项

(1)不可损坏完好的电器元件。

(2)不可擅自改动电气线路。

(3)修复后的电气装置及线路必须满足检修质量标准要求。

❸ 操作步骤

1)案例 1

(1)分析故障现象。根据故障现象,因机械故障造成的机油压力低,一般都是延续持久的,不会偶尔出现,可着重考虑电路问题,处理问题的时,应对故障现象观察仔细,可以在处理问题时少走弯路。

(2)对机器进行检查。

①由于该车仪表有故障码存在,首先察看故障码表。187 SID 2319 如图 13-7 所示。

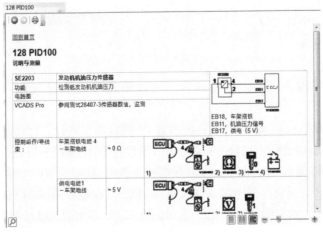

图 13-7　故障码表

②检查发动机机油油位,并实际测量机油压力。

③用万用表测量机油压力传感器的阻值。

测量 1 号和 3 号针脚,阻值一般为 $56k\Omega$ 左右。

测量 2 号和 3 号针脚,阻值一般为 $20M\Omega$ 左右。

(如果有新传感器,采用对换法更为简便)

④测量电脑板到传感器之间的连接线路,如图 13-8 所示。

(3)解决故障。检查出为机油压力传感器线与高压油管之间摩擦,电线磨破,供电线通过高压油管搭铁,且挖掘机在工作状态中振动偶尔才会报警。修复包扎线束,并调整线束与高压油管的距离,防止再次出现同样故障。

注:在线路修复完成后一定要注意不能留后患。

(4)结束工作。

①把所有教学用具归位。

②填写实训报告。

2)案例 2

(1)分析故障现象。根据故障现象,可以侧重考虑传感器及其电路问题。

(2)对机器进行检查。

①检查发动机散热器的水位,可以通过观察孔察看。

②用测温仪检查散热器实际温度,当然这种情况下一般水位正常,冷却液温度也一样正常。

③测量冷却液温度传感器的阻值与标准值进行对比。这里服务工程师采用了对换法,更换后故障仍然存在。

④利用跳线盒测量冷却液温度传感器、燃油压力传感器、机油压力传感器数值均正常,检测 EECU 与 VECU 通信线时,在 VB6、VB14 处测得电压分别为 2.3V、2.5V。在 EB55、EB51 电压分别为 25.3V、25.6V,如图 13-9 所示。

(3)解决故障。检查出为 VECU 与 EECU 通信线 J1939(CAN)断路或短路造成 EECU 无法与 VECU 通信,导致冷却液温度不显示。

(4)结束工作。

①把所有教学用具归位。

②填写实训报告。

3)案例 3

(1)分析故障现象。根据故障现象,可以侧重考虑电路问题。分析电路图,如图 13-10所示。

①ECU 的启动。在启动时,电压通过位置 17 的启动锁获得。这将激活 RE18,后者形成 15EA 电源(在启动过程中接合)并同时供应至位置 86 的 RE13 和 IECU。通过 IECU 实现 RE12 搭铁,这将对 IECU(IA1,IA2)进行切换并供电,同时为 RE13 建立保持电路。

②ECU 的关闭。当机器关闭时,15EA 电源(FU51)在电容器(C01)放电后停止。将发出信号,通知 ECU 开始关闭。ECU 的关闭时间有 IECU 和 RE12 通过控制 RE12 搭铁连接控制。只要 RE12 保持搭铁,ECU 将通过 RE13 供电。

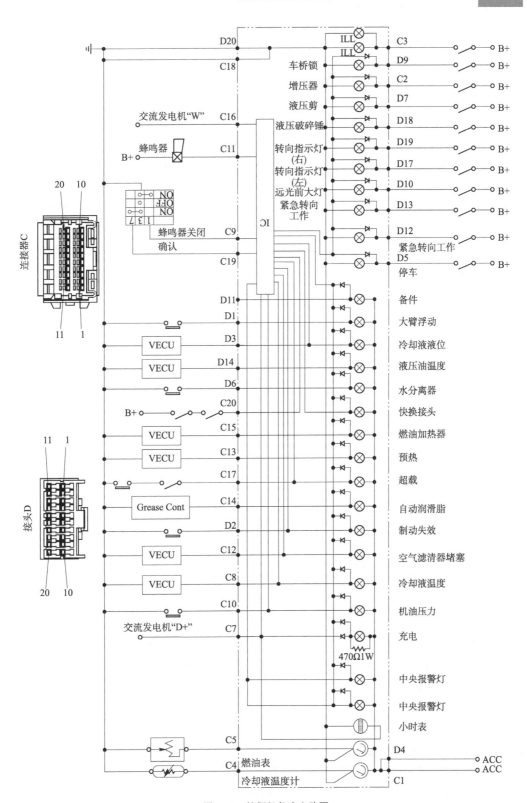

图 13-8　挖掘机仪表电路图

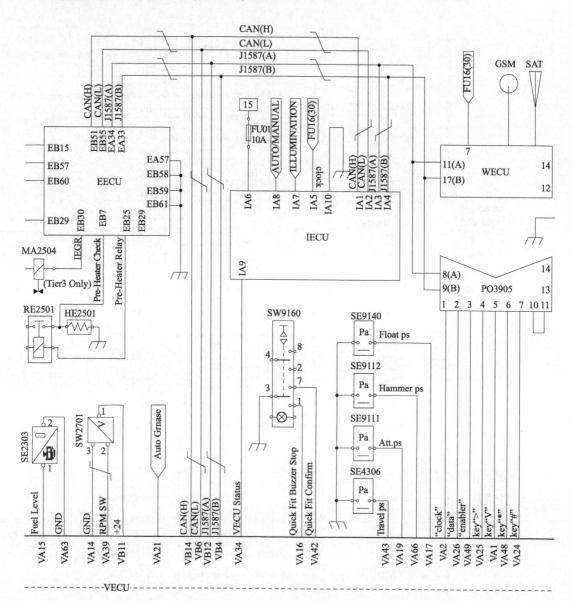

图 13-9 仪表板通信图

IECU 有 4 个电源端,分别是 IA1/IA2/IA3/IA4,FU17 熔断丝熔断导致 IECU 的 IA1/IA2 这两个电源端没电,虽然 IA3/IA4 有电设备可以正常工作,但是导致了电压无法正常显示,该现象无法通过外围电路解释,推测为程序规定。

(2)对机器进行检查。

①由于该车仪表有故障码 140 PID168 1 存在,首先察看故障码表。140 代表仪表信息显示屏,PID168 代表蓄电池电位,1 代表有三种可能的原因:蓄电池故障,蓄电池相关电器;发电机故障;与仪表连接的相关的线路有故障。

②因为延时断电与 IECU 的 IA24 针脚有关,所以先检查 IA24 所控制的 RE12 继电器,打开 IECU 的 I/O 显示,发现 IA24 有电,同时 RE12 输出端有电。

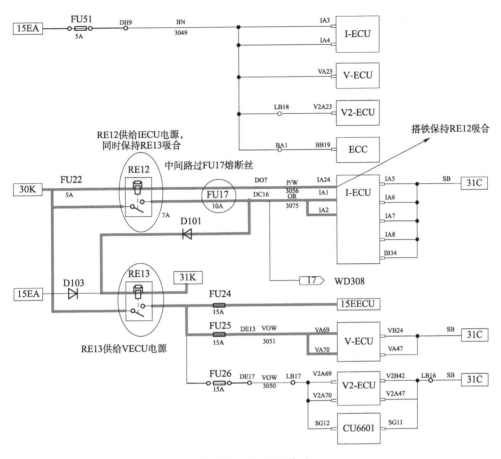

图 13-10　仪表板通信图

③检查 FU17 熔断丝,发现熔断丝熔断。

(3)解决故障。检查出为 FU17 熔断丝熔断,更换熔断丝,试车正常,同时电压也正常显示。

(4)结束工作。

①把所有教学用具归位。

②填写实训报告。

三　学习扩展

❶ 检查步骤

一般检查此类的故障一般可以分三步进行。

(1)检查发动机的机油标尺,看实际机油是否缺少。

(2)用万用表测量机油压力传感器的阻值,再核对维修手册看是否与标准值有差别。

(3)检查机油传感器的线路。传感器一般有两根线,一根为供电,一根为搭铁。(带电脑板的大多数会有三根线:供电线、搭铁线、信号线)。

❷ 通信线路检测

发动机配备的传感器将检测的数值,通过线束传递给 E-ECU,E-ECU 再将信息通过信息线 J1939 传递给 VECU,CAN 总线能够使用多种物理介质,最常用的就是双绞线(图 13-11)。信号使用差分电压输送,两条信号线被称为 CAN(H)和 CAN(L),(图 13-12)静态时电压均为 2.5V,而测得数据为 25V 左右远大于标准值。由于信息线的损坏,导致信号无法传递,设备在缺少冷却液的情况也不会出现报警,在用电脑读取数据时,提示"安全杆应处于下降位置"。

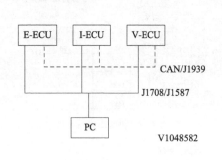

图 13-11　通信线简图

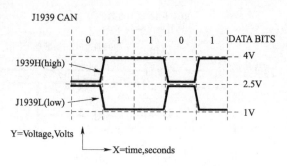

图 13-12　CAN(H)和 CAN(L)

❸ 继电器的原理

工程机械中绝大部分都是采用电磁式的继电器(图 13-13),电磁式继电器由铁芯、线圈、衔铁、触点簧片等组成的。只要在线圈两端加上电压,线圈中就会流过电流,从而产生电磁效应,衔铁就会在电磁力吸引的作用下克服返回弹簧的拉力吸向铁芯,从而带动衔铁的动触点与静触点(常开触点)吸合。当线圈断电后,电磁的吸力也随之消失,衔铁就会在弹簧的反作用力返回的,使动触点与的静触点(常闭触点)吸合。吸合、释放,从而达到了在电路中的导通、切断的目的。继电器的"常开、常闭"触点的区分:继电器线圈未通电时处于断开的静触点,称为"常开触点";处于接通的静触点称为"常闭触点"。

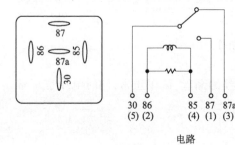

图 13-13　电磁式继电器

四　评价与反馈

❶ 自我评价

(1)通过本学习任务的学习你是否已经知道下面问题:

仪表电路的特点?_____

什么是电子控制系统?_____

继电器的工作原理是什么?_____

(2)仪表电路维修过程中用到了哪些工具?

_____

（3）实训过程完成情况如何？

_____。

（4）通过本学习任务的学习，你认为自己的知识和技能还有哪些欠缺？

_____。

签名：_____　　_____年___月___日

❷ 小组评价（表13-4 ）

小 组 评 价 表　　　　　　　　　　　　　　表13-4

序号	评 价 项 目	评 价 情 况
1	着装是否符合要求	
2	是否能合理规范地使用仪器和设备	
3	是否按照安全和规范的流程操作	
4	是否遵守学习、实训场地的规章制度	
5	是否能保持学习、实训场地整洁	
6	团结协作情况	

参与评价的同学签名：_____　　_____年___月___日

❸ 教师评价

_____

_____。

教师签名：_____　　_____年___月___日

五　技能考核标准

根据学生完成实训任务的情况对学习效果进行评价。技能考核标准见表13-5。

技能考核标准表　　　　　　　　　　　　　　表13-5

序号	项　　目	操 作 内 容	规定分	评 分 标 准	得分
1	机油压力灯报警故障	识读电路图	10	正确识读电路图	
		分析可能的故障点	20	正确分析故障点	
		查看故障码表	10	正确查看故障码表	
		检查发动机机油油位	10	是否达到操作要求标准	
		用万用表检查机油压力传感器	20	是否达到操作要求标准	
		测量电脑板到传感器的线路	10	是否达到操作要求标准	
		修复故障线路	10	是否达到操作要求标准	
		整理场地及工具	10	工具及场地是否整洁	

续上表

序号	项　　目	操 作 内 容	规定分	评 分 标 准	得分
2	冷却液温度不显示故障	识读电路图	10	正确识读电路图	
		分析可能的故障点	20	正确分析故障点	
		检查发动机冷却液液位	10	是否达到操作要求标准	
		用测温仪检查散热器温度	10	是否达到操作要求标准	
		测量冷却液温度传感器阻值	10	是否达到操作要求标准	
		用跳线盒检查线路	20	是否达到操作要求标准	
		修复故障线路	10	是否达到操作要求标准	
		整理场地及工具	10	工具及场地是否整洁	
3	仪表电压无显示故障	识读电路图	10	正确识读电路图	
		分析可能的故障点	20	正确分析故障点	
		查看故障码表	10	正确查看故障码表	
		检查继电器通电情况	20	是否达到操作要求标准	
		检查熔断丝通断情况	20	是否达到操作要求标准	
		更换故障件	10	是否达到操作要求标准	
		整理场地及工具	10	场地及工具是否整洁	
总　　分			100		

学习任务 14　照明及辅助电气电路故障诊断与排除

知识目标

1. 掌握照明和刮水器电路的特点；
2. 掌握照明和刮水器电路图的分析方法；
3. 掌握照明和刮水器电路故障排除的步骤和方法。

技能目标

1. 能熟读照明和刮水器电路图；
2. 能分析照明和刮水器电路图；
3. 利用照明和刮水器电路图排除故障。

建议课时

6 课时。

任务描述

案例 14-1　2012 年 9 月 28 日安徽省某工地中,一辆沃尔沃 EC240B 挖掘机(系列号为:×××××)出现了前照灯线路爆熔断丝的现象,该设备目前运转小时为:65h。

表 14-1 是对应的服务工程师在处理该故障的维修服务记录单,记录单详细地记录了设备故障现象、维修服务人员的分析思路和处理结果。

服 务 记 录 单　　　　　　　　　　　表 14-1

设备型号	设备编号	工作小时	区域	维修者	客户单位名称
EC240B	×××××	65h	安徽	×××	××××××

一、故障现象 大灯 FU2 熔断丝总是爆,有时安装一个新熔断丝能用几小时,有时几分钟就爆了	
二、分析引起故障的原因 (1)线路故障; (2)灯泡故障; (3)其他电器元件故障等	

三、检修步骤
检查灯泡、灯总成、开关、熔断丝盒、蓄电池箱里面线路及整个前照灯线路,最后在左操作手柄下方发现室内灯开关上的夜视灯供电线和支架搭铁

四、结论与原因分析
重新包扎损坏搭铁线路

案例 14-2　2013 年 11 月 20 日山西省某工地中,一辆沃尔沃 EC240B 挖掘机(系列号为:×××××)出现了刮水器工作异常的现象,该设备目前运转小时为:1990h。

表 14-2 是对应的服务工程师在处理该故障的维修服务记录单,记录单详细地记录了设备故障现象、维修服务人员的分析思路和处理结果。

服 务 记 录 单　　　　　　　　　　　表 14-2

设备型号	设备编号	工作小时	区域	维修者	客户单位名称
EC240B	×××××	1990h	山西	×××	××××××

一、故障现象 打开钥匙开关,不操作刮水器控制开关,刮水器自己会工作	
二、分析引起故障的原因 (1)线路故障; (2)刮水器控制器故障; (3)刮水器开关故障等	

续上表

三、检修步骤

（1）测量刮水器熔断丝 FU4 供电正常。

（2）拆开刮水器开关 SW3602，测量开关控制导通性功能正常。

（3）检查开关 SW3602 供电插头，供电针脚 4 号供电正常，再次测量 6 号与 2 号脚，发现有电压 24V 左右。

（4）断开刮水器控制器 CU3601 连接插头。测量开关供电插头 6 号和 2 号仍有电。且拔掉熔断丝 F4 后。6 号和 2 号脚就没电了。

（5）测量 6 号、2 号分别和 4 号的以及它们之间的导通性，结果并没有导通。

（6）断开 CNEL2 插头，测量 6 号和 2 号脚，没电了。

（7）检查这段线路发现插头 CNEL2 内有水迹，导致 6 号和 2 号针脚异常连接，CU3601 异常得电，刮水器不受控制工作

四、结论与原因分析

将插头烘干后，重新连接后，刮水器工作正常

一 理论知识准备

❶ 工作灯

工作灯开关图如图 14-1 所示。

❷ 室内灯

室内灯开关图如图 14-2 所示。

❸ 照明系统

按照安装位置和用途的不用，照明系统可分为驾驶室内照明系统和驾驶室外照明系统两大部分。驾驶室内照明系统指顶灯等，驾驶室外照明系统主要有工作灯和平台灯，主要作用是夜间照明，在一定情况下也可起信号作用。

❹ 刮水器开关

刮水器开关图如图 14-3 所示。

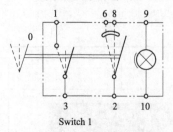
Switch 1

图 14-1　工作灯开关

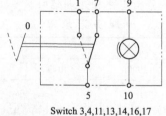
Switch 3,4,11,13,14,16,17

图 14-2　室内灯开关

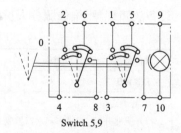
Switch 5,9

图 14-3　刮水器开关

❺ 刮水器工作原理

车辆刮水器的工作电路一般设有停止、慢速、高速运行控制。由于刮水器间歇工作适应细雨、重雾行车环境下的功能需要，许多车辆也都设计刮水器间歇控制电路和配置相应

的刮水器控制开关、刮水器间歇控制继电器。刮水器间歇控制的实际应用电路与所采用的刮水器控制开关及刮水器间歇控制继电器的形式有关,也与刮水器间歇控制继电器在刮水器工作电路中的控制方式有关。

车辆刮水器的常规工作电路如图 14-4、图 14-5 所示。图 14-4、图 14-5 所示的刮水器工作电路之间的区别如下。

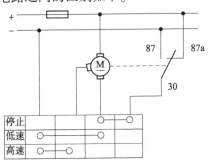

图 14-4　刮水器电路图(控制负极型,复位状态)

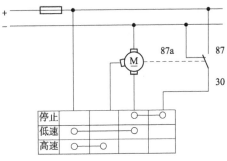

图 14-5　刮水器电路图(控制正极型,复位状态)

前者为控制刮水器电动机的负极型,后者为控制刮水器电动机的正极型。从两种控制形式在刮水器复位机构中的变化可以看到,其主要区别仅为常开触点 87、常闭触点 87a 的接负、接正之间的易位。刮水器间歇控制的应用电路基本以上述刮水器工作电路为基础。刮水器间歇控制系统中的刮水器控制开关,一般用车辆转向机构所用的转向管柱组合开关中的相应刮水器控制功能开关;刮水器间歇控制继电器,则可以根据车辆电气系统的设计及其他电器配置(如中央控制盒)情况进行选择。刮水器间歇控制继电器以其配备功能分两种:一种为刮水器间歇工作的控制;另一种为刮水器间歇工作及洗涤器同步工作的控制。而其外部的电气连接形式,有配置接线柱的,也有用引出线连接的。外接功能接线柱或引出线数量则有 4 或 6 两种,前者仅有刮水器间歇控制功能,后者同时具备刮水器间歇控制及洗涤器同步工作控制功能。

二　任务实施

① 准备工作

(1)检查实训室通风系统设备工作是否正常。

(2)准备挖掘机一台、跳线盒、万用表、常用扳手、常用套筒等教学用具。

(3)提前设置好相应的故障。

② 技术要求与注意事项

(1)不可损坏完好的电器元件。

(2)不可擅自改动电气线路。

(3)修复后的电气装置及线路必须满足检修质量标准要求。

③ 操作步骤

1)案例 1

(1)分析故障现象。根据故障现象,控制灯线路经常爆熔断丝,基本上可以确定是线路短路所造成。

（2）对机器进行检查。

①根据前照灯主线路图,图14-6分别检查灯泡、熔断丝及前照灯主线路等。

②根据前照灯支路图14-7(这路线路到左操纵手柄下方的),检查线路。

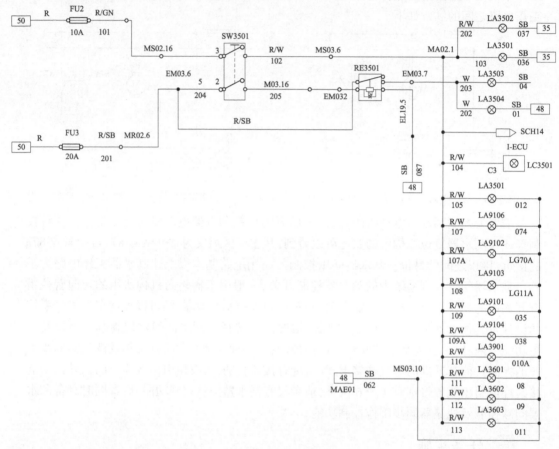

图14-6 前照灯主线电路图

（3）解决故障。检查出为LC3503这个地方找到搭铁点。

（4）结束工作。

①把所有教学用具归位。

②填写实训报告。

2）案例2

（1）分析故障现象。一般来说,刮水器出现此类故障,检查以下几点:刮水器开关、刮水器控制以及刮水器控制线路。

（2）对机器进行检查(图14-8)。

①首先测量刮水器控制线路的熔断丝FU4,经检查后发现有24V电压,供电正常。拔掉熔断丝后,刮水器停止工作,其他用电器正常,说明这只是刮水器这一路故障,与其他用电器线路无关。

②拆开刮水器开关SW3602,测量开关控制导通性。

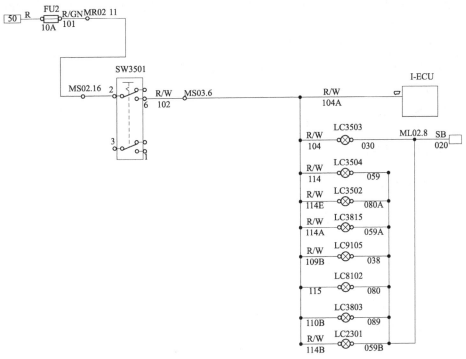

图 14-7　前照灯支路电路图

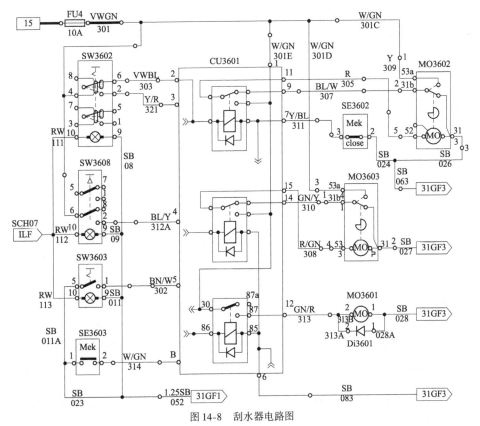

图 14-8　刮水器电路图

③如果现场没有新的刮水器控制器可更换,可以先从线路查起,检查开关 SW3602 供电插头:供电针脚 4 号、6 号与 2 号针脚。

④检查刮水器线路,从简单到复杂,一段一段的查找。

(3)解决故障。检查出后发现 CNEL2 插头内有水迹,导致 6 号和 2 号针脚异常连接,CU3601 异常得电,刮水器异常工作。

(4)结束工作。

①把所有教学用具归位。

②填写实训报告。

三 学习扩展

❶ 氙式灯泡更换注意事项

(1)灯泡冷却后更换。

(2)不要用手触摸玻璃部分。

(3)要小心,防止碰剧或摩擦。

(4)更换灯泡时需戴上保护镜。

❷ 出现灯光发红而暗淡的主要原因

(1)蓄电池充电不足,或连接线接触不良。

(2)搭铁不良。

(3)前照灯外玻璃上积有灰垢。

❸ 刮水器自动复位装置

控制复位回路型的刮水器间歇控制应用电路如图 14-9 所示,刮水器间歇控制工作过程分析如下。

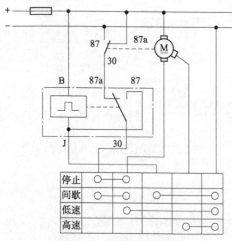

图 14-9　刮水器间歇控制电路图(控制复位型,复位状态)

当刮水器控制开关切入刮水器间歇工作挡时,刮水器间歇控制继电器中的电子装置与电源负极之间形成回路开始工作。在其控制下,常开、常闭触点即间隔通断转换:在 5~7s 周期内常开触点闭合、常闭触点分开仅一次,且时间很短,大部分时间为常态。

在刮水器间歇控制继电器的常开触点闭合、常闭触点分开时,刮水器的低速工作回路形成,刮水器开始工作,其电流途径为:电源 + →电动机低速线圈→刮水器控制开关低速接线柱、复位接线柱→刮水器间歇控制继电器活动触点臂 30 接线端、常开触点 87 接线端、J 间隙控制接线端→雨刮器控制开关间歇控制接线柱→电源。

在刮水器间歇控制继电器的触点转换后,只要刮水器尚未到达复位位置,在复位机构的控制下刮水器继续工作,其电流途径转为:电源↔电动机低速线圈→刮水器控制开关低速接线柱、复位接线柱→刮水器间歇控制继电器活动触点臂 30、常闭触点 87a→刮水器复位机构活动触点臂 30、常开触点 87→电源。刮水器到达复位位置后,电路中断,刮水器完成刮水后停止运行,等待刮水器间歇控制继电器的下一次控制指令。如此循环,刮水器保持运行在间歇控制状态。

要结束刮水器间歇运行,只要将刮水器控制开关转入停止挡。此时,如刮水器未到达复位位置,在刮水器复位机构的控制下,刮水器将继续运行,直至复位。在刮水器复位状态下,刮水器电动机的低速线圈经刮水器控制开关复位触点、刮水器间歇控制继电器常闭触点、刮水器复位机构常闭触点后处于两端等电位状态,刮水器电动机不再运转。

四 评价与反馈

❶ 自我评价

(1)通过本学习任务的学习你是否已经知道下面问题:

照明电路的特点? _____。

刮水器电路的特点? _____。

(2)电路维修过程中用到了哪些工具?

_____。

(3)实训过程完成情况如何?

_____。

(4)通过本学习任务的学习,你认为自己的知识和技能还有哪些欠缺?

_____。

签名:_____　　　　_____年____月____日

❷ 小组评价(表 14-3)

小 组 评 价 表　　　　　　　　　　表 14-3

序号	评 价 项 目	评 价 情 况
1	着装是否符合要求	
2	是否能合理规范地使用仪器和设备	
3	是否按照安全和规范的流程操作	
4	是否遵守学习、实训场地的规章制度	
5	是否能保持学习、实训场地整洁	
6	团结协作情况	

参与评价的同学签名:_____　　_____年____月____日

❸ 教师评价

_____

_____。

教师签名:_____　　　　_____年____月____日

五 技能考核标准

根据学生完成实训任务的情况对学习效果进行评价。技能考核标准见表 14-4。

技能考核标准表 　　　　　　　　　　　　　　　　表 14-4

序号	项　目	操作内容	规定分	评分标准	得分
1	前照灯不亮故障	识读前照灯电路图	5	正确识读电路图	
		分析可能的故障点	10	正确分析故障点	
		检查灯泡	5	是否达到操作要求标准	
		检查熔断丝	10	是否达到操作要求标准	
		检查前照灯主线路	5	是否达到操作要求标准	
		检查前照灯支路	10	是否达到操作要求标准	
		修复故障线路	5	是否达到操作要求标准	
		整理场地及工具	5	工具及场地是否整洁	
2	刮水器工作异常故障	识读刮水器电路图	5	正确识读电路图	
		分析可能的故障点	10	正确分析故障点	
		检查刮水器控制线路熔断丝	5	是否达到操作要求标准	
		检查刮水器开关	5	是否达到操作要求标准	
		检查刮水器控制器	5	是否达到操作要求标准	
		检查刮水器控制线路	10	是否达到操作要求标准	
		修复故障	5	是否达到操作要求标准	
		整理场地及工具	5	工具及场地是否整洁	
	总　分		100		

学习任务 15　空调系统电路故障诊断与排除

 知识目标

1. 掌握空调系统电路的特点；
2. 掌握空调系统电路图的分析方法；
3. 掌握空调系统电路故障排除的步骤和方法。

 技能目标

1. 能熟读空调系统电路图；
2. 能分析空调系统电路图；
3. 利用空调系统电路图排除故障。

 建议课时

6 课时。

任务描述

案例15-1 2013年8月24日北京某工地中,一辆沃尔沃 EC700B 挖掘机(系列号为:×××××)出现了空调不制冷现象,该设备目前运转小时为:8540h。

表15-1是对应的服务工程师在处理该故障的维修服务记录单,记录单详细地记录了设备故障现象、维修服务人员的分析思路和处理结果。

服 务 记 录 单

表15-1

设备型号	设备编号	工作小时	区域	维修者	客户单位名称
EC700B	×××××	8540h	北京	×××	××××××

一、故障现象

按下空调制冷开关,指示灯亮,此时调空调冷风挡位选择键不起作用,也听不到驾驶座后面空调继电器吸合的声音,使用空调自动模式功能键,也不起作用。

空调控制面板显示代码:R99

二、分析引起故障的原因

(1)空调线路故障;

(2)空调面板故障;

(3)空调传感器故障等

三、检修步骤

(1)对故障现象确认检查,可以确定各个出风口、鼓风机电动机均工作正常;

(2)起动发动机后,按下空调制冷开关,空调压缩机不工作;

(3)测量室外温度传感器发现其两个针脚均搭铁,室内温度传感器也是两针脚都搭铁;

(4)对烧结线路进行剥离、包扎处理后测试:暖风挡、空调制冷挡及自动模式仍然不工作;

(5)空调压缩机电路检测控制线电压为4.8V,搭铁线正常;

(6)测量压力开关控制线路,两个针脚电压都为0V。测量压力开关的电阻为0Ω,是接通状态;

(7)测量室外温度传感器线路电阻分别是:1.35kΩ、5.04kΩ;

(8)再测量室内温度传感器线路电阻分别是:1074Ω、1256Ω

四、结论与原因分析

线路烧结使得空调控制线束整体粘连到一起,导致过高电压通过空调控制面板致使其烧损

案例15-2 2012年12月上海某工地中,一辆沃尔沃 EC360BLC 挖掘机(系列号为:×××××)出现了空调左下出风口不出风现象,该设备目前运转小时为:3710h。

表15-2是对应的服务工程师在处理该故障的维修服务记录单,记录单详细地记录了设备故障现象、维修服务人员的分析思路和处理结果。

服　务　记　录　单　　　　　　　　　　　　　　表 15-2

设备型号	设备编号	工作小时	区域	维修者	客户单位名称
EC360B	×××××	3710h	上海	×××	××××××

一、故障现象

空调左下角出风口不能出风

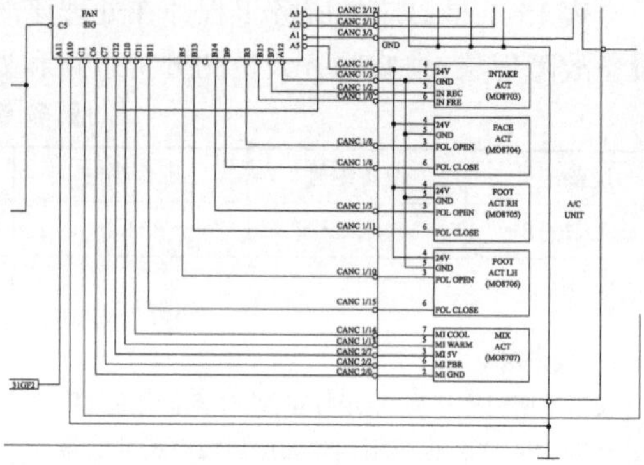

二、分析引起故障的原因

(1)出风口堵住;

(2)出风口的风门无动作,被卡在关闭位置

三、检修步骤

(1)检查左下出风口无异物;

(2)按空调控制面板的上出风和下出风键发现伺服电动机不工作;

(3)单独转动左下风门没有卡滞现象;

(4)对换左右风门控制线路,发现故障转移到右风门;

(5)检查空调线路无破损现象;

(6)更换空调控制器

四、结论与原因分析

更换空调控制器总成

理论知识准备

❶ 空调控制电路

空调系统的电气控制线路似乎是很复杂的,实际上,它是一个由许多简单的单独线路组合成看似复杂的系统。工程机械空调系统电路是为了保证空调系统各装置之间的相互协调工作,正确完成空调系统的各种控制功能和各项操作而设置的,因此,是空调系统的重要组成部分。由于厂家不同,所装的空调系统也由简单到复杂,种类很多,其功能、调节和控制原理也不尽相同,因而其控制电路由简单到复杂,从单一功能控制到多项功能控制也有所不同,但就基本原理和电路来说却都有相同之处。

工程机械空调系统的基本电路一般包括:电源电路、冷凝风扇控制电路、鼓风机控制电路、电磁离合器控制电路。

❷ 空调制冷系统

空调制冷系统一般由制冷剂与压缩机油、压缩机、冷凝器、膨胀阀、储液干燥器、蒸发器、冷凝风扇、鼓风机等组成。而制冷系统的故障由电气、机械、制冷剂和冷冻机油等所引起,它表现为制冷系统的不制冷、制冷量不足和异常噪声等。(这里仅考虑电气问题)

(1)空调不制冷考虑因素有:电磁离合器接合情况→怠速控制器→温度控制器→压力开关→电磁线圈→导线断路;熔断丝→开关连接→变阻器→电动机→导线断路。

(2)空调制冷量不足考虑因素有:鼓风机状态→蓄电池电压→变阻器→调速电阻→熔断丝→鼓风机电动机→鼓风机开关→鼓风机继电器→导线脱落。

❸ 制冷系统出风口处故障

制冷系统出风口处的故障也就是常说的空气分配故障,常见的主要有出风口不出风、风量不足、出风量不变、出风模式不变等。下面详细分析各个故障的检测。

1)出风口不出风

考虑到控制出风的电路主要是进气风扇控制电路,可以首先检测风机继电器、风扇电动机、电阻和风扇开关是否正常;接着打开点火开关,置于"ON"的位置,打开风扇开关,看风扇是否运转;最后检查风扇单元,检测风扇电动机是否被卡死。如以上三项检测没有发现异常,则进行风量检测,如有异常则对相应继电器和开关进行修理。

2)出风量不足

对于出风口风量不足,具体情况可能有所不同,主要针对不同气流模式下气体的流动情况进行检测,如检测在通风模式、加热模式以及除霜模式时,气流是否有变化。

对于空调风量不足的检测,当操作气流模式时,检查是否有阻力的存在,各个挡位是否都可以操作;当气流模式处于外循环状态时,空气是否可以正常排出,如不是,检查通风口是否堵塞、破损或漏风以及仪表板上的风道是否安装正确,如不正常则进行修理;再进入加热模式的检测,检查空气能否正常排出,如不能则检查通风口是否堵塞;然后进入除霜模式看空气是否能排出,如不能则进行相应通风口检查。

3)出风量不变

对于出风口风量不变的故障,首先检测鼓风机继电器、鼓风机电动机、电阻以及电子风扇开关,如有问题参照维修手册进行维修;再打开鼓风机开关,使车内空气进行内循环,看鼓风机是否运转顺畅,如果有问题,对鼓风机单元进行检测。检查风扇与扇框有无干涉,风扇中有无异物,以及鼓风机进气通风口有无异物或堵塞,如有,则进行修理。

4)出风模式不变

出风模式不变,可能是暖风散热器单元的风板单元控制件出现故障;气候控制单元的传动件出现故障;一个或多个暖风散热器单元开口出现故障。

进行故障检测时,首先检查暖风散热器单元的气流模式连杆、气流模式曲柄、气流模式杆和线束卡子。检查的内容有:连杆和曲柄是否有润滑油脂,所有连杆、曲柄和杆是否牢固安装到位,线束卡子是否变形,如不正常,则进行相应的维修。接下来检查气候控制单元传动件是否牢固定位,是否正确地与暖风散热器单元的气流模式连杆相对应,如不正确,进行相应的维修,对暖风散热器各单元的开口进行检查,检查各单元开口安装是否牢固、位置是否正确。

二 任务实施

❶ 准备工作

(1)检查实训室通风系统设备工作是否正常。

(2)准备挖掘机一台、真空泵、歧管压力表、万用表、常用扳手、常用套筒等教学用具。

(3)提前设置好相应的故障。

❷ 技术要求与注意事项

(1)不可损坏完好的电器元件。

(2)不可擅自改动电气线路。

(3)修复后的电气装置及线路必须满足检修质量标准要求。

❸ 操作步骤

1)案例1

(1)分析故障现象。一般空调制冷系统出现此类故障,检查以下几点:空调制冷控制线路、空调控制器以及传感器等。

(2)对机器进行检查。空调电路图如图15-1所示。

①测量室外温度传感器、室内温度传感器。

②测量空调压缩机电路检测控制线电压与搭铁情况。

③测量压力开关控制线路。

(3)解决故障。检查出线路烧结使得空调控制线束整体粘连到一起,导致过高电压通过空调控制面板致使其烧损。通过更换控制面板,修复受损线路解决故障。

(4)结束工作。

①把所有教学用具归位。

②填写实训报告。

2)案例2

(1)分析故障现象。一般空调出风口出现此类故障,检查以下几点:出风口有无异物卡滞、风门有无动作、空调控制器以及线路等。

(2)对机器进行检查。

①检查左下出风口有无异物。

②检查空调控制出风的伺服电动机。

③检查伺服电动机到控制面板的线路。

④检查空调控制面板。

(3)解决故障。检查出空调控制器出现故障,更换空调面板总成。

(4)结束工作。

①把所有教学用具归位。

②填写实训报告。

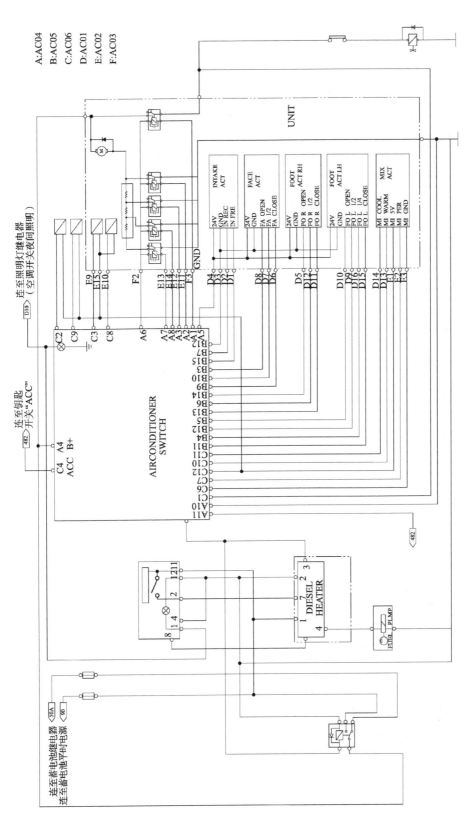

图 15-1　空调电路图

三 学习扩展

❶ 空调系统维护

工程机械空调系统的维护通常要用歧管压力表、真空泵、检漏仪、干湿温度计、氮气、制冷剂等仪器与材料。维护的项目通常有检查制冷剂数量、抽真空、加注制冷剂、检漏和制冷性能测试等。

对制冷剂渗漏的检查,常用的方法有以下3种。

(1)肥皂检漏法。制冷系统工作时用毛刷将肥皂涂于待检查部位,若有气泡出现则说明该处有渗漏。这种检查方法简单易行,没有危害。

(2)卤素灯检查法。主要用于检查制冷剂为氟里昂的制冷系统。卤素灯是一种丙烷火焰校漏仪,其吸气管吸入泄漏的制冷剂时火焰的颜色将发生变化:泄漏量少时火焰呈绿色;泄漏量较多时火焰呈浅蓝色;泄漏量很多时火焰呈浅紫色。检查时应注意:必须在制冷系统内有压力时进行;场所必须通风良好。

(3)电子检漏仪检漏法。基本原理是:有阳、阴两极板,当给阳、阴两极施加电压并对阳极板加热时,阳极的阳离子便通过两极之间的介质射向阴极而形成电流。两极板之间的介质是空气时阳离子流较弱、电流值很小;两极之间的介质是氟里昂蒸气时阳离子流增强、电流值增大。据此,电子检漏仪设有通往两极之间的探头、电源和串联于电源电路中的电流表,探头探测到的氟里昂泄漏量越大,电流表的读数也就越大。

❷ 安全预防措施

(1)进行制冷剂作业时,必须戴防护镜和手套,当制冷剂接触到眼睛和皮肤时,应立即用清水冲洗,然后到医院治疗。

(2)作业场所应为平地,而且通风要好,环境清洁。

(3)制冷剂盛在容器内,应在40℃以下的环境中储存,并避免撞击。

(4)制冷剂在高压状态下有爆炸的危险,因此要远离火和高压空气。

(5)新型制冷剂填充不要过量。

(6)组装制冷剂连接部件时不能用蛮力。

(7)修理装备时必须明确应使用哪种制冷剂,更换时应使用规定的产品。

(8)冷冻油有吸水性,在软管分离时应避免混入水,必须用盖子封口,修理后进行抽真空作业,并进行密封。

(9)连接O形圈的配管时,应涂上冷冻液。注意:不要涂到螺母的螺纹部分。

(10)O形圈必须紧贴到管子的安装面上,分解装备时,必须更换O形圈。

(11)对空调系统抽真空时,必须使用真空泵。

(12)填充制冷剂后,分离高压软管时,应限制制冷剂的泄漏量。

❸ 空调系统的主要自控与调节方式

1)空调系统的安全保护

(1)压力开关。

①低压保护:空调系统缺少制冷剂时压力低于0.196MPa时,触点断开,压力传

感器无信号输出,电磁离合器断电,当压力升至0.221MPa时,触点闭合,电磁离合器通电。

②高压保护:空调系统压力过高于2.95MPa时,触点断开,压力传感器无信号输出,电磁离合器断电,当压力回复到2.36MPa以下时,触点闭合,电磁离合器通电。

③中压开关:当系统压力高于1.77MPa时,冷凝风机开高速,以加强冷凝器的冷却能力,降低冷凝温度和压力,当压力下降到1.37MPa以下时,风机低速运行。

(2)压缩机泄压阀、过热保护器。

泄压阀安装在压缩机高压侧,当压缩机内压力异常高时,如WXH-086-16压缩机,压力为(4±0.4)MPa时,阀被打开,制冷剂被释放出来,压力立即降下来,当压力降至(3.85±0.4)MPa时,阀关闭。

压缩机过热开关也称压缩机过热保护器,其作用是防止压缩机排出的高压制冷剂气体温度过高,或由于缺少制冷剂使压缩机润滑不良而造成过热损坏。如WXH-086-16压缩机,当温度为(130±5)℃,过热开关使压缩机停止运行,当温度降到(105±5)℃时,压缩机可以重新起动。

(3)水温开关。

2)轿车空调系统制冷容量的调节

(1)膨胀阀。

空调制冷系统使用的膨胀阀是一种感压和感温自动控制式膨胀阀,膨胀阀安装在蒸发器入口管路上。其作用有:一是降低制冷剂压力,保证在蒸发器内沸腾蒸发;二是调节流入蒸发器的制冷剂流量,以适应制冷负荷变化的需要。需要注意的是膨胀阀并不控制蒸发器的温度。

H形膨胀阀外观为长方体,其内部通道为H形,蒸发器进口和尾管装在同一块侧板上,而液体管路和回气路装在同一快左侧板上。温度传感器装在制冷剂从蒸发器至压缩机的气流中。制冷剂温度的变化,传感器膨胀或收缩,直接推动阀门(钢球和过热弹簧)。H形膨胀阀的结构保证了低压侧压力直接作用于膜片下侧。H形膨胀阀从外观上容易识别,普通膨胀阀只有两根主管路,而H形膨胀阀却有四根主管路。

(2)恒温器与传感器。

空调系统工作时,当蒸发器表面温度下降到一定值时,其表面就会结霜或结冰,而堵塞蒸发器散热器翅片间的空气通道,这样影响蒸发器的热交换效率,造成制冷能力下降,因此设有温度控制电路。为了充分发挥蒸发器的最大冷却能力,同时又不致造成蒸发器表面的冷凝水(除湿水)结冰、结霜,蒸发器表面的温度应控制在1~4℃的范围之内。温度控制器的作用是:根据蒸发器表面温度的高低接通和断开电磁离合器线圈电路,控制压缩机的工作时机,从而使蒸发器表面的温度保持在准许温度范围之内。

3)变排量压缩机

目前变容量型斜盘式(或摇板)压缩机是空调中应用的主要结构形式,其关键是斜盘。斜盘倾角不同,压缩机的排量也不同,该类压缩机都是通过一种开关型的气动阀来调节排量。气动阀感受到的压缩机内的吸排气压力,与腔内压力的差值和设定好的差值进行比较,决定阀的开关,来改变斜盘力的平衡关系。从而改变斜盘倾角达到改变压缩机排量的目的。

四 评价与反馈

❶ 自我评价

(1)通过本学习任务的学习你是否已经知道下面问题:

空调制冷电路的特点? _____。

空调出风故障的种类有哪些? _____。

(2)电路维修过程中用到了哪些工具?

_____。

(3)实训过程完成情况如何?

_____。

(4)通过本学习任务的学习,你认为自己的知识和技能还有哪些欠缺?

_____。

签名:_____   _____年____月____日

❷ 小组评价(表15-3)

小 组 评 价 表   表15-3

序号	评 价 项 目	评 价 情 况
1	着装是否符合要求	
2	是否能合理规范地使用仪器和设备	
3	是否按照安全和规范的流程操作	
4	是否遵守学习、实训场地的规章制度	
5	是否能保持学习、实训场地整洁	
6	团结协作情况	

参与评价的同学签名:_____   _____年____月____日

❸ 教师评价

_____

_____。

教师签名:_____   _____年____月____日

五 技能考核标准

根据学生完成实训任务的情况对学习效果进行评价。技能考核标准见表15-4。

技能考核标准表　　　　　　　　　　　　表 15-4

序号	项　目	操作内容	规定分	评分标准	得分
1	空调不制冷故障	识读空调电路图	5	正确识读电路图	
		分析可能的故障点	10	正确分析故障点	
		测量室外温度传感器	5	是否达到操作要求标准	
		测量室内温度传感器	5	是否达到操作要求标准	
		测量空调压缩机电路	5	是否达到操作要求标准	
		测量压力开关控制线路	10	是否达到操作要求标准	
		修复故障线路及更换故障件	5	是否达到操作要求标准	
		整理场地及工具	5	工具及场地是否整洁	
2	空调出风口不出风故障	识读空调电路图	5	正确识读电路图	
		分析可能的故障点	10	正确分析故障点	
		检查左下出风口有无异物	5	是否达到操作要求标准	
		检查空调控制出风的伺服电动机	5	是否达到操作要求标准	
		检查伺服电动机到控制面板的线路	5	是否达到操作要求标准	
		检查空调控制面板	10	是否达到操作要求标准	
		更换故障件	5	是否达到操作要求标准	
		整理场地及工具	5	工具及场地是否整洁	
总　分			100		

参 考 文 献

［1］许炳照.柴油机电控系统检修［M］.北京.国防工业出版社,2013.

［2］曾小珍.柴油机维修技术［M］.北京.电子工业出版社,2010.

［3］赵新房.看图学修柴油机喷油泵/调速器［M］.北京.人民邮电出版社,2009.

［4］朱烈舜.公路工程机械液压与液力传动［M］.北京.人民交通出版社,2007.

［5］孔军.新型挖掘机液压回路彩色图集［M］.北京,化学工业出版社,2012.

［6］李科存.新款日立挖掘机维修手册［M］.沈阳,辽宁科学技术出版社,2012.

［7］李科存.新款卡特挖掘机维修手册［M］.沈阳,辽宁科学技术出版社,2012.

［8］朱烈舜.公路工程机械液压与液力传动［M］.北京,人民交通出版社,2007.

［9］田少民.液压挖掘机的三种流量控制方式［EB/OL］. http://news. d1cm. com,2012-05-29.

［10］孔军.新型挖掘机液压回路彩色图集［M］.北京,化学工业出版社,2012.

［11］李科存,郑宏军.新款日立挖掘机维修手册［M］.沈阳,辽宁科学技术出版社,2012.

［12］李科存,郑宏军.新款卡特挖掘机维修手册［M］.沈阳,辽宁科学技术出版社,2012.